視覚のしくみ

日本化学会［編］

七田芳則
小島大輔［著］

共立出版

『化学の要点シリーズ』編集委員会

『化学の要点シリーズ』
発刊に際して

現在，我が国の大学教育は大きな節目を迎えている．近年の少子化傾向，大学進学率の上昇と連動して，各大学で学生の学力スペクトルが以前に比較して，大きく拡大していることが実感されている．これまでの「化学を専門とする学部学生」を対象にした大学教育の実態も大きく変貌しつつある．自主的な勉学を前提とし「背中を見せる」教育のみに依拠する時代は終焉しつつある．一方で，インターネット等の情報検索手段の普及により，比較的安易に学修すべき内容の一部を入手することが可能でありながらも，その実態は断片的，表層的な理解にとどまってしまい，本人の資質を十分に開花させるきっかけにはなりにくい事例が多くみられる．このような状況で，「適切な教科書」，適切な内容と適切な分量の「読み通せる教科書」が実は渇望されている．学修の志を立て，学問体系のひとつひとつを反芻しながら咀嚼し学術の基礎体力を形成する過程で，教科書の果たす役割はきわめて大きい．

例えば，それまでは部分的に理解が困難であった概念なども適切な教科書に出会うことによって，目から鱗が落ちるがごとく，急速に全体像を把握することが可能になることが多い．化学教科の中にあるそのような，多くの「要点」を発見，理解することを目的とするのが，本シリーズである．大学教育の現状を踏まえて，「化学を将来専門とする学部学生」を対象に学部教育と大学院教育の連結を踏まえ，徹底的な基礎概念の修得を目指した新しい『化学の要点シリーズ』を刊行する．なお，ここで言う「要点」とは，化学の中で最も重要な概念を指すというよりも，上述のような学修する際の「要点」を意味している．

本シリーズの特徴を下記に示す．

1）科目ごとに，修得のポイントとなる重要な項目・概念などをわかりやすく記述する．
2）「要点」を網羅するのではなく，理解に焦点を当てた記述をする．
3）「内容は高く」，「表現はできるだけやさしく」をモットーとする．
4）高校で必ずしも数式の取り扱いが得意ではなかった学生にも，基本概念の修得が可能となるよう，数式をできるだけ使用せずに解説する．
5）理解を補う「専門用語，具体例，関連する最先端の研究事例」などをコラムで解説し，第一線の研究者群が執筆にあたる．
6）視覚的に理解しやすい図，イラストなどをなるべく多く挿入する．

本シリーズが，読者にとって有意義な教科書となることを期待している．

『化学の要点シリーズ』編集委員会
井上晴夫（委員長）
池田富樹　伊藤　攻　岩澤康裕　上村大輔
佐々木政子　高木克彦　西原　寛

はじめに

我々は身の回りの環境情報を五感，すなわち視覚・聴覚・嗅覚・味覚・触覚といった感覚により受容し，日常生活の中で利用している．その中で，視覚は光という非常に優れた情報媒体を利用し，重要な感覚に進化してきた．実際，ヒトの脳の約半分が視覚の情報処理のために使われており，他の感覚の場合とは大きく異なっている．本書は化学の要点シリーズの趣旨に沿って化学的な観点からも興味をひく現象や解析方法を中心に，視覚について解説する．

さまざまな自然科学の研究がそうであるように，視覚の研究においても物理学や化学の基本的な原理を利用した解析が進められている．しかし，視覚を含む生物学の研究には少し異なる視点も必要である．一つは，生物が歴史性を持つことである．生物は地球の数十億年の歴史を通じて，その時々の環境要因や自然選択に影響され，時には袋小路に入りながら長い進化の過程を歩んできた．生物の進化には非常に長い時間が必要であるため，例えば，眼などの重要な器官の構造を大規模に改変することは難しい．その間にその器官を使うことができなければ，生存競争に不利になるからである．つまり，人間が新しい装置をつくるときのように，基本から設計し直すということができない．長い期間をかけて進化してきた器官やメカニズムの中には，なぜこのようになっているのか，もっと（合理的な）よいメカニズムが使われていてもよいのではないか，と感じるものもある．もちろん，これらの構造やメカニズムが物理学や化学の原理に逆らっているわけではないが，この疑問に答えるためには，過去に起こった環境変動なども考慮した総合的な検討が必要である．

もう一つは，視覚に限らず，研究には実験のしやすい材料が選ばれることである．例えば，視覚の分子レベルの研究は 1950 年代に始まり，実験材料として大量に集めることができたウシの網膜が広範に利用されてきた．そして，ウシの網膜に含まれる 2 種類の視細胞のうち，98% 以上を占める桿体視細胞の研究が，さらには，桿体視細胞に含まれる視物質であるロドプシンの研究が世界的にも進められてきた．その後，これらの研究で得られた知見をもとにして，もう一つの視細胞である錐体視細胞やそれに含まれる視物質が研究され，さらに無脊椎動物の視物質や視細胞の研究も行われてきた．しかしこのような研究の歴史的な順序とは対照的に，1990 年代に入ると，ウシ（脊椎動物）のロドプシンや桿体視細胞が動物の長い進化の「最後の過程」で作りあげられたことが明らかになってきた．また，ウシのロドプシンは G タンパク質共役型受容体（GPCR）の一つであるが，その G タンパク質活性化メカニズムは他の GPCR とはかなり異なっている．むしろ無脊椎動物のロドプシンのほうが，アドレナリン受容体などの GPCR と類似した活性化メカニズムを示す．視覚の分子メカニズムの研究は，現在もなお，ウシロドプシンや桿体視細胞の知見が基礎になっており，ある意味でバイアスがかかっている点には注意が必要である．

最近の構造生物学の爆発的な発展とそれを補完する各種分光法と計算機科学の進展，また，遺伝情報の蓄積と遺伝子操作法の発展などにより，生物学の研究も進化の呪縛や実験材料の恣意性を乗り越えることができるようになってきた．しかし，まだまだパラダイムシフトの可能性を包含する若い研究分野である．本書が若い研究者の意欲をかきたてることを期待する．

2023 年 10 月

七田芳則・小島大輔

目　次

第１章　視覚の成り立ち ………… 1

1.1　視物質・オプシン ………… 1
1.2　シグナル伝達系の進化・多様化 ………… 4
1.3　細胞の進化・多様化 ………… 5
1.4　ネットワークの進化・多様化 ………… 8

第２章　眼と網膜 ………… 11

2.1　眼の構造 ………… 11
2.2　網膜の構造と構成する細胞 ………… 13
2.3　眼と網膜の発生 ………… 19
　2.3.1　眼の発生 ………… 19
　2.3.2　網膜の発生 ………… 22

第３章　視細胞の光応答メカニズム ………… 25

3.1　脊椎動物の視細胞の種類と光応答 ………… 26
　3.1.1　視細胞の構造と種類 ………… 26
　3.1.2　視細胞の光応答 ………… 28
　3.1.3　桿体視細胞と錐体視細胞の応答特性の違い ………… 30
3.2　脊椎動物の視細胞の光応答メカニズム ………… 32
　3.2.1　桿体視細胞の光情報伝達機構 ………… 32
　3.2.2　錐体視細胞の光情報伝達機構 ………… 40

3.3　ショウジョウバエ視細胞の構造と光応答 …… 45
3.3.1　ショウジョウバエ視細胞の光応答様式と光シグナル伝達系 …… 45
3.3.2　ショウジョウバエ視細胞の素早い応答を支えるメカニズム …… 51

第4章　視 物 質 …… 55

4.1　視物質の構造と吸収極大 …… 55
4.2　視物質の光反応過程 …… 58
4.3　視物質・オプシンの多様性 …… 67
4.4　視物質と GPCR …… 68
4.5　視物質の進化 …… 72

第5章　色覚のメカニズム …… 77

5.1　錐体における色弁別 …… 77
5.2　3原色説と反対色説 …… 85

第6章　網膜での視覚情報処理 …… 89

6.1　受 容 野 …… 90
6.2　網膜神経細胞の応答特性とそのメカニズム …… 98
6.2.1　視 細 胞 …… 98
6.2.2　水平細胞 …… 99
6.2.3　双極細胞 …… 101
6.2.4　アマクリン細胞 …… 105
6.2.5　神経節細胞 …… 108

6.2.6　光感受性の神経節細胞 ipRGC …… 110

第 7 章　網膜から脳へ：視覚の情報処理 …… 117

7.1　網膜の中心窩の特徴と情報伝達 …… 117
7.2　網膜から一次視覚野までの視覚経路 …… 122
7.3　一次視覚野以降の視覚経路 …… 126

あとがき …… 131

参考文献・引用文献 …… 133

索　引 …… 137

コラム目次

1. G タンパク質共役型受容体 …………………………………………… 3
2. トリの中心窩 ………………………………………………………… 18
3. 遺伝子改変動物を用いた錐体の光応答制御・調節の研究 … 43
4. TRP/TRPL チャネル開口のメカニズム ……………………… 50
5. ロドプシン発色団のシス-トランス光異性化メカニズム … 63
6. 方位選択性を示す神経細胞の受容野 …………………………… 96
7. ipRGC 内の光シグナル伝達経路 ………………………………… 113
8. 概日時計の光位相制御と ipRGC の発見 ……………………… 114
9. ヒトの中心窩の神経節細胞 ……………………………………… 120

第1章

視覚の成り立ち

視覚は，眼に入ってきた光を利用して外界の情報を取得・処理するシステムである．この機能は，光感受性のタンパク質（視物質）が細胞の中に作られたときに始まったと考えられる．生物の進化に伴って，視覚機能もただ単に光を感じるだけではなく，色を識別したり感度が高くなったりと，長い歴史の中でより精巧になっている．本章では，視物質がどのように生まれてきたのか，また，光を受容するシステムや高度な情報処理を行うネットワークシステムがどのように形成されてきたのかについて，研究の歴史を交えて概説する．

1.1 視物質・オプシン

視物質は眼の中の視細胞に含まれるタンパク質であり，レチナールという光感受性の有機化合物を含んでいる．視物質は数種類存在するが，その中で，薄暗い光環境で働く視細胞（桿体）に含まれる視物質が19世紀のヨーロッパで発見された．その後1950年代になって，この視物質がロドプシンと命名され，その性質や反応過程が盛んに研究された．また，明るい光環境で働く視細胞（錐体）に含まれる視物質（錐体視物質）も発見され，その反応過程の研究も始まった．そして，1967年には，これら視物質の反応メカニズムの解明に貢献した研究者にノーベル賞が与えられた（文献［1］）．一方，視物質の成り立ちに関する情報が得られるようになったのは，遺伝子クローニングの技術が発展した1980年代になってからである．まず，1983年にロドプシンのアミノ酸配列が決定され，その3年後に，生体のシグナル伝達系で重要な役割を果たすGタンパク質共役型受容体（GPCR）（コラム1参照）のアミノ酸配列が決定された．そして，興味深いことに，両者のアミノ酸配列がよく似ている，すなわち相同性（ホモロジー）があることがわかったのである．その後，多くのGPCRやロドプシン以外の視物質のアミノ酸配列が決定された結果，視物質はGPCRという大きなファミリーのメンバーであることがわかった．

現在では，GPCRは14億年以上前に生まれ，そのあとにいくつかのクラス（コラム1参照）に分岐したことがわかっている．視物質や近縁の光受容タンパク質（これらをまとめてオプシン†と呼ぶ）が属するGPCRのクラスは，11億年ほど前，すでに存在していた別のGPCRのクラスから新たに分岐し，7億年ほど前にこのクラスの中でオプシンが生まれた．つまり，オプシンが生まれたころにはすでに多くのGPCRが存在しており，視物質はそれらのGPCRの中からレチナール（all-*trans*-retinal）をアゴニストとするGPCRとして分岐してきたのである．そして，アゴニストとして選んだレチナールがたまたま光感受性の分子だったことから，オプシンは光によって活性状態を変化させるGPCRとなり，通常のGPCRとは別の進化を遂げた．実際，光が持つ情報媒体としての優れた特性から，オプシンはさまざまに進化・多様化して多くの動物の光受容機能を支えており，現在では2万以上の遺伝子が同定されている大き

† オプシンは，レチナールと結合していないロドプシンのタンパク質部分をさす言葉でもある（4.1参照）．

なグループになっている.

コラム1

G タンパク質共役型受容体

G タンパク質共役型受容体（G protein-coupled receptor, GPCR）は，細胞膜に存在する膜タンパク質の一種で，細胞外に存在する分子（リガンド）と選択的に結合し，細胞内の三量体型 G タンパク質との相互作用により，特定のシグナル伝達経路を活性化または抑制する．GPCR は，人体において最も多く存在するタンパク質の一つであり，視覚，味覚，嗅覚，神経伝達，内分泌システム，免疫応答，血圧調節，心拍数調節など，さまざまな生理的プロセスを制御することから，医薬品の標的としても注目されている．GPCR はリガンド・機能・構造の違いにより分類され，それぞれ，ロドプシン受容体，代謝型グルタミン酸受容体，セレクチン受容体，接着因子受容体，フリズルド受容体，と類似した受容体を含むクラスに分けられる．この中でロドプシンを含むクラスは最も大きなクラスであり，オプシン（視物質），嗅覚受容体，アドレナリン受容体，ムスカリン性アセチルコリン受容体，ドーパミン受容体などを含む．

GPCR は，細胞膜を貫通する 7 本の α-ヘリックスから構成されている．リガンドを結合すると GPCR の構造が変化して活性状態になり，GPCR の細胞内ドメインに結合した G タンパク質を活性化する．なお，リガンドや人工的に合成された分子（薬など）の中には，結合しても GPCR の状態を変えないもの，また，元の状態よりもさらに不活性な状態にするものなどがある．そこで，GPCR と結合して活性状態にするものをアゴニスト，状態を変えないものをアンタゴニスト，不活性状態にするものをインバースアゴニストと呼ぶ．本書ではリガンドの代わりにアゴニスト，インバースアゴニストなどの言葉を使用している．

1.2　シグナル伝達系の進化・多様化

オプシンはGPCRのメンバーとして生まれたことから，光を受容したオプシンは，通常のGPCRと同様にGタンパク質を介するシグナル伝達系を駆動する．そして，光情報を視細胞の電気的な応答に変換する．Gタンパク質にはいくつかのタイプがあり，それぞれの活性化する酵素系は異なっている．これに対応してオプシンも多様化しており，現在，Gタンパク質のタイプであるGs，Gq，Gi，Go，Gtにそれぞれシグナルを伝える（共役する）オプシンが発見されている．

よく研究されているオプシンのタイプは2つある．1つは昆虫類や頭足類が持つ視物質であり，GqタイプのGタンパク質を介するシグナル伝達系（以下，Gqシステム）を駆動する．もう一つは，我々ヒトを含めた脊椎動物が持つ視物質であり，GtタイプのGタンパク質を介するシグナル伝達系（以下，Gtシステム）を駆動する．Gqシステムは7億年前までには形成され，約5億年前のカンブリア紀の生物（例えば三葉虫）ではすでに視覚系として利用されていた古いシステムである（その当時の食物連鎖の頂点に君臨していたアノマロカリスの視覚系（複眼）もこのシステムを利用していたと考えられている）．一方，Gtシステムは，Giタイプのシグナル伝達系（以下，Giシステム）から脊椎動物の進化の過程で新たに形成されたシステムである．元となったGiシステムは，Gqシステムと同様に7億年前にすでに形成されていた．しかし，その当時の動物はこのシステムを，物を見るというような複雑な視覚としてではなく，明暗や影を感じて敵から逃れるような機能（陰影反応）や概日リズムの制御などに使っていたと想像される．それは，オプシンが含まれる光受容細胞の構造も含め，Giシステムのシグナル増幅の効率がGqシステムよりも低いことにより，高感度なシグナル受容には向いていないためである．しかし脊椎動物の進化の過程で，Giシステムに共役するオプシンがGタンパク質を高効率に活性化する視物質に変異するとともに，よりノイズの少ないGtシステムを発達させることにより，高度な視覚機能に利用されるように進化したと考えられている．視物質やオプシンについては第4章で詳述する．

1.3　細胞の進化・多様化

眼において視覚情報の処理に関与するのは網膜である．網膜内では光情報の基本的な処理が行われたあと，脳にその情報が送られる．脊椎動物の網膜には5種類の神経細胞（視細胞，双極細胞，神経節細胞，水平細胞，アマクリン細胞）が含まれている．視細胞は内在する視物質によって光を受容し，その光情報は双極細胞を経て神経節細胞へと送られ，神経節細胞の「軸索」を経て脳へと伝達される．また，水平細胞は視細胞と双極細胞との情報伝達を調節し，アマクリン細胞は双極細胞と神経節細胞との情報伝達を調節する．一方，無脊椎動物の網膜には「軸索」を持つ視細胞が存在し，視細胞で受容された光情報は網膜外の神経組織（視葉（しよう））に伝えられる．つまり，脊椎動物の網膜では光情報がある程度統合・処理されたあとに脳へ送られるが，無脊椎動物の網膜では受容した光情報の多くがそのまま網膜外へ送られる．

脊椎動物の網膜のすべての神経細胞は網膜前駆細胞から分化するが，どのタイプの神経細胞に分化するかは，分化段階で発現する転写因子群の違いに主として由来する．細胞の進化・多様化の観点から興味深いのは，個体発生の過程でどのような順序で神経細胞が分化してくるかである．というのも，個体発生における神経細胞の分化の順序は，進化過程における新たな細胞タイプの出現とある程度の相関があるからである．

網膜の発生において最初に分化するのは神経節細胞である．興味深いことに，神経節細胞の分化に関与する転写因子は無脊椎動物の視細胞のものと相同であり，細胞分化の観点からは，両者はよく似た神経細胞といえる．このことは，神経節細胞自身がもとは光受容能を持つ細胞であり，網膜の進化の過程で，脳への情報伝達に特化した可能性を示唆する．実際，一部の神経節細胞において光受容タンパク質を発現し，それ自身に光感受性を持つものが発見されている．さらに面白いことに，この光感受性の神経節細胞に発現する光受容タンパク質メラノプシンは，無脊椎動物の視物質と同様にGqシステムを利用するロドプシンの仲間である．もし神経節細胞が昔は光受容細胞であったと考えると，次に分化する水平細胞は，神経節細胞間の情報を仲介してある程度の情報処理（例えば側抑制など）を行う細胞として分化してきたと推定される．

3番目に分化してくる細胞は視細胞の一つ，錐体視細胞である．現在では神経節細胞のほとんどは投射ニューロンとして特化していることから，進化のある時期に錐体視細胞が神経節細胞とシナプスを形成し，2つの細胞が光受容と脳への情報伝達に機能分担した可能性が示唆される．ちなみに前述の光感受性神経節細胞も，（後述の双極細胞を介して）錐体視細胞からの入力を受け，自身が持つメラノプシンにより獲得した光情報と統合・処理して脳に送っている．

次に分化してくる細胞は，アマクリン細胞である．当初は神経節細胞での横の情報の流れを担っていた水平細胞が，錐体視細胞の間の情報処理を担うようになり，その代わりにアマクリン細胞が神経節細胞での横の情報の流れを担うように分化してきたと考えられる．

その次に分化してくる細胞はもう一つの視細胞，桿体視細胞である．視細胞のうち錐体視細胞は明るい光環境で働き（昼間視），桿体視細胞は薄暗い光環境で働く（暗所視）．また，錐体視細胞には吸収波長が異なる複数のタイプがあり，これらの細胞での情報が統合されると色を見ることができる．錐体視細胞が先に分化してくるということから，動物の進化過程では昼間視・色覚が暗所視よりも先に形成されたと考えられる．このことは視物質の分子系統樹からも推定される．すなわち，先祖型の視物質はまず複数の錐体視物質のグループに分岐し，そのあとに錐体視物質の一つのグループからロドプシンのグループが分岐してくることがわかっている．昼間視・色覚と暗所視とを比べると，前者のほうが処理する情報量が多い．したがって，進化の過程では色覚のほうがあとから進化したと考えられていた．しかし，生物学的な研究では最初に色覚（色弁別）に関与する視物質が分岐してカラー受光素子が作られ，そのあとにロドプシンが分岐し，高感度受光素子の機能が付け加わったようである．

さて，最後に分化してくるのが双極細胞である．双極細胞は介在ニューロンであり，脊椎動物の眼（側頭眼）以外では見つかっていない．つまり双極細胞は，Gi システムを利用する眼が高度な視覚器官として発達する過程で生まれてきたものと考えられる．すでに述べたように，脊椎動物に至る過程で視物質に変異が生じ，高効率なシグナル伝達ができるようになった．そのメリットを生かすように，情報処理がより有利になる介在ニューロンが出現したのではないかと想像できる．

1.4　ネットワークの進化・多様化

脳の大きさを体重との相対比で考えると，脊椎動物の中では哺乳類と鳥類が大きな脳を持ち，その中でもヒトを含む霊長類の脳はさらに大きい．なぜ脳が大きくなったのかについてはさまざまな要因が考えられ，類人猿からヒトへの進化には社会性の要因も推定されている．また，ヒトやサルは視覚動物であるともいわれ，これらの動物における脳の半分以上が何らかの視覚情報の処理に利用されている．ここで視覚の情報処理が進化の中で大きく変化し，脳の進化を促した要因について考えてみると，その中で最も大きかったのは，哺乳類が恐竜全盛時代に夜行性の時期を経て進化してきたことだと想像される．

動物の祖先は今から7億年ほど前に出現したとされるが，6億年ほど前に脊椎動物と脊索動物（ホヤ）の共通の祖先において，ヒトの視物質につながるオプシンのグループが誕生した．そして5億年ほど前には，ヤツメウナギなどの円口類との共通祖先において，現在の脊椎動物の基本型となる4種類の錐体視物質（色を見る視物質）と1種類のロドプシン遺伝子の多様化が起こり，また，網膜神経細胞の基本配置ができあがったようである．さらに，1億年ほど前に哺乳類の祖先が夜行性になり，夜行性になることにより視覚システムの大規模な改変が起こった．

夜行性になった哺乳類では，4種類の錐体視物質の遺伝子のうち2つを失うことにより，4色性の色覚から2色性の色覚になった．また，ロドプシンを含む桿体視細胞が網膜の大部分を占めるようになった．さらに，暗い場所で物をよく見るために，2つの眼を使って物を見る両眼視が発達し，霊長類では樹上・樹間生活により立体視が発達したようである．また，脳への視覚情報の伝達経路にもスクラップ・アンド・ビルドが起こり，ヒトへと続く進化過程において高度な視覚情報処理システムが形成された．

哺乳類以外の脊椎動物では，中脳の視蓋（optic tectum）という領域が視覚情報処理の中枢として発達しており，ここには網膜から視覚情報が直接入力する．鳥類では，視蓋に14層にも及ぶ層構造が存在し，視覚情報（物体の形，色，動きなど）が視蓋で高度に処理されていることがうかがい知れる．視蓋に入力した情報は終脳（大脳）の外線条体（ectostriatum）を経由し，終脳にある別の複数の領域に伝達されることにより，さらに高度に処理される．一方，視蓋を経由しない経路も知られており，この経路は視交叉を経て，哺乳類の外側膝状体に相当する領域（視床核）に入力し，さらにここから，哺乳類の大脳視覚野に相当する，視覚高次線条体（visual wulst）という領域に直接投射する．この経路は夜行性のフクロウなどでよく発達しており，視覚情報のうち物体の空間中の位置（空間視）に関与する情報が処理される．中脳の視蓋を通る経路を視蓋経路（tectofugal pathway），視床を通る経路を視床経路（thalamofugal pathway）と呼ぶ．

哺乳類になると，夜行性になったことから，それまでの視覚情報処理の中枢であった中脳の視蓋が縮小して上丘と呼ばれる小さな部位になり，定位や注視などの機能に関与するようになった．一方，主な視覚情報の処理には視床経路が使われるようになった．そして，左右の網膜からの投射が視交叉で部分交叉をすることによって両眼視・立体視がしやすくなり，また，色覚の代わりに形態視が発達したと考えられる．さらに，色情報も新たにこの経路で処理されるようになり，鳥類などとは異なる3色性色覚の獲得や，最終的には黄斑の獲得も伴い，空間分解能の高い色覚のシステムができたと考えられる．このように，視覚情報が主に中脳（視蓋）で処理されていた動物群とは異なり，哺乳類，特に霊長類では，視覚情報が意識と結びつく大脳で主に処理されるようになったことが特徴である．このため，霊長類では，視覚情報の処理と結びつく大脳の機能が高度に発達した可能性がある．

第2章

眼と網膜

我々は眼から得た情報を脳でさまざまに解析して，例えば表情から相手の感情を推察したり，眼の前の視覚情報から未来の出来事を推察したりすることができる．このような，ヒトにおいて高度に発達している視覚機能の多くは，脳の働きに強く依存している．一方，眼の「器官としての性能」はヒトよりも他の動物のほうが発達している場合も多い．実際，ヒトが色を見分ける能力はトリなどに比べて劣っており，物を見る分解能もワシなどの猛禽類に比べるとかなり低い．さらに，ヒトには止まって見える非常に遅い動き（例えば太陽の動き）をトリは実際に「見る」ことができるといわれている．一方で，ヒトやトリは明るいところでしか色を見ることができないが，カエルやヤモリは暗いところでも見ることができる．それぞれの動物は長い進化の過程で独自の眼を持つようになり，ヒトの眼の特徴の多くは，哺乳類が恐竜全盛時代に夜行性の時期を経たことと深く関係する．ここではヒトの眼と網膜の構造を，他の動物との違いを示しながら説明する．

2.1 眼の構造

図 2.1 にヒトの眼の模式図を示した．外界からの光は，角膜，レンズ（水晶体），硝子体を通過して，眼の最も奥にある網膜で焦点

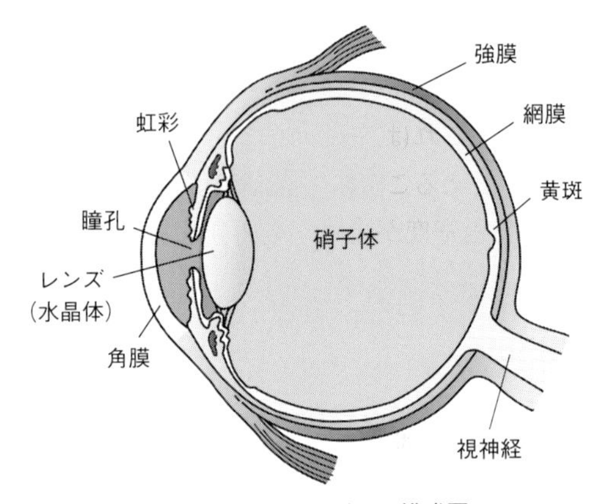

図 2.1　ヒトの眼の断面の模式図

を結ぶ．眼は，網膜を撮像素子とした，約 2.3 cm の焦点距離を持つカメラである．入射する光を最も屈折させるのは角膜であり，レンズは網膜上に焦点がくるように微調整する素子である．ヒトなどの陸上動物の場合は，入射する光は空気中から眼（基本的には脂質やタンパク質が溶けた水溶液）に入る．したがって，屈折率の差が大きい空気中と角膜の界面において光は大きく屈折する．これに対してレンズの周りは水溶液であり，レンズそのものもタンパク質が含まれる水溶液である．両者の屈折率はそれほど違わないので，レンズ界面による屈折効率は小さい．一方，水中で生活する動物（例えば魚類）において光は水中から角膜に入るため，角膜表面での屈折はそれほど大きくない．そこで，ヒトのレンズとは異なり，球に近い形状を持つレンズにより光を大きく屈折させる．魚類が「魚眼レンズ」を持つゆえんである．同様の理由で陸上に棲む哺乳類の眼はヒトの眼とよく似ているが，水棲の哺乳類（クジラやイルカ）は魚類と同様に分厚いレンズを持つ．

ヒトはレンズの厚みを変えることで焦点距離を微調整するだけである．一方，ワシなどの猛禽類ではさらに大きく焦点距離を変えることが可能である．これは，レンズの曲率を大きく変えることに加え，角膜の曲率も変えることができるからである．さらに，猛禽類の網膜では視細胞の密度が高く，空間分解能はヒトの眼の7～10倍に達し，例えば，5 km 先のウサギを見ることもできるといわれている．

2.2 網膜の構造と構成する細胞

網膜は 0.2 mm ほどの厚さの組織で，5種類の神経細胞（視細胞，双極細胞，神経節細胞，水平細胞，アマクリン細胞）が含まれている．図 2.2(a) に網膜の模式図を示した．光は図の上から入射し，光を受容する視細胞は最も遠くに位置している．視細胞がこのような配置を持った網膜を倒立網膜と呼び，一番奥にある視細胞まで光が届くよう，光路にある細胞はほぼ透明になっている．視細胞には外節と呼ばれる構造があり，その中で光の情報が視細胞の電気応答に変換される．視細胞は外節の形の違いによって2種類に分類され，外節が棒状（円筒状）の細胞を桿体視細胞（桿体），円錐状の細胞を錐体視細胞（錐体）と呼ぶ．桿体は薄暗い環境で明暗を区別するのに働く細胞であり，錐体は明るい光環境で物の形や色を弁別する細胞である．

視細胞で電気応答に変換された光情報は後続の4種類の神経細胞により，ある程度の処理が行われたあと，脳へと送られる．図 2.2(b) には各神経細胞の働きを光情報の伝達と処理に分けて示した．視細胞–双極細胞–神経節細胞と伝わる情報を「光情報の縦の流れ」といい，光情報は視神経から脳へと伝達される．一方，水平細胞や

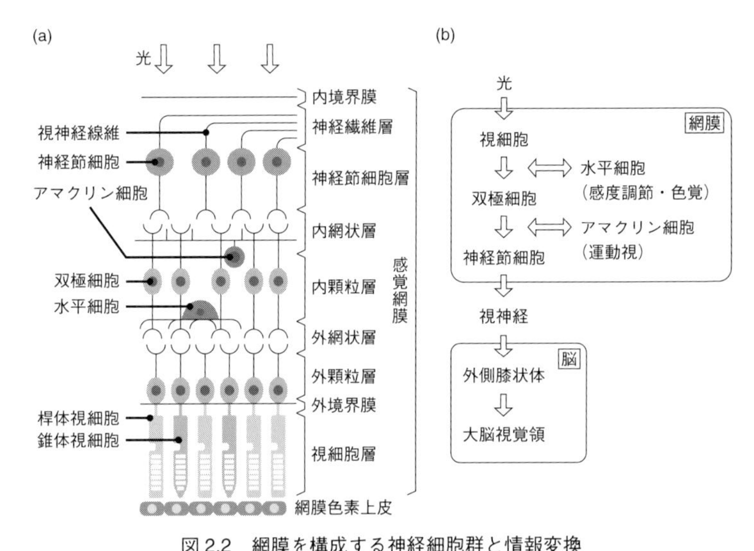

図 2.2　網膜を構成する神経細胞群と情報変換

(a) 網膜の神経細胞群の配置. 視細胞の核が集まっている部分を外顆粒層, 水平細胞・双極細胞・アマクリン細胞の核が集まっている層を内顆粒層と呼ぶ. 視細胞と水平細胞・双極細胞とのシナプスが集まる領域を外網状層, 双極細胞・アマクリン細胞と神経節細胞とがシナプスを作る領域を内網状層と呼ぶ. 神経節細胞の細胞体が並んでいる領域を神経節細胞層と呼ぶ. (b) 視覚情報の変換過程.

アマクリン細胞は「光情報の横の流れ」を制御する. 水平細胞は視細胞から双極細胞への情報の流れを, アマクリン細胞は双極細胞から神経節細胞への情報の流れをそれぞれ調節・制御する. 水平細胞は眼の感度調節や色覚の調節に関わり, アマクリン細胞は物体の運動を検出したり, 光環境に応じた調節（例えば明るい光環境では網膜全体の光感度を下げる）に関与する.

網膜の表面構造は眼底写真で見ることができる（図 2.3）. 最も特徴的な構造は中央右の白い部分で, 視神経乳頭と呼ばれている.

この部分は網膜全体に広がった神経節細胞の軸索（アクソン）が集まって束になっているところで，軸索はこの部分から眼の外に出て，視神経（図 2.1）として脳に投射する．倒立網膜の構造上，軸索の束は網膜のすべての細胞層を突き抜けて眼の外に出て行くため，この部分には視細胞が存在しない．つまり，この部分に入射した光は感じることができず，これが盲点に相当する．

もう一つの特徴的な構造は，我々の視線の「奥」にあたる網膜の領域で，これは黄斑と呼ばれる（図 2.3）．カロチノイド色素が含まれるために少し黄色く見えることに由来する．黄斑の直径は約 5.5 mm であり，その断面を見ると，中心の約 1.3 mm の領域はくぼみ，その周囲は少し厚くなっている（図 2.4(a)）．くぼんでいる領域は中心窩（ちゅうしんか）（fovea）と呼ばれ，さらにその中心の約 0.35 mm の領域は中心小窩（ちゅうしんしょうか）（foveola）と呼ばれる．中心小窩の大きさを実感するために例をあげると，網膜上で満月は 0.15 mm 程度の大きさに投影される．中心小窩は網膜の中で解像度の最も高い領域であ

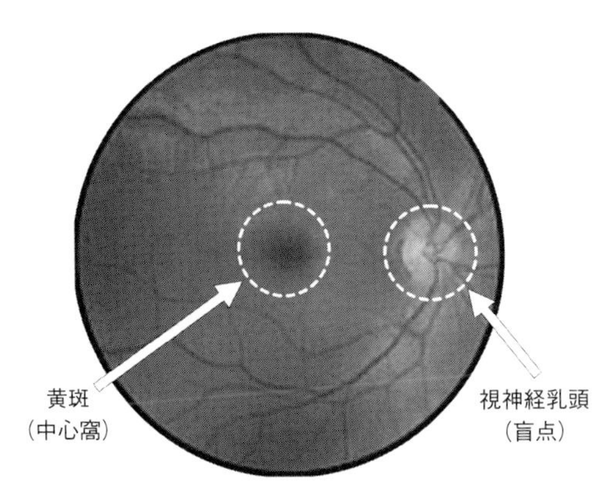

図 2.3　網膜の表面構造（眼底写真）
文献［17］より改変.

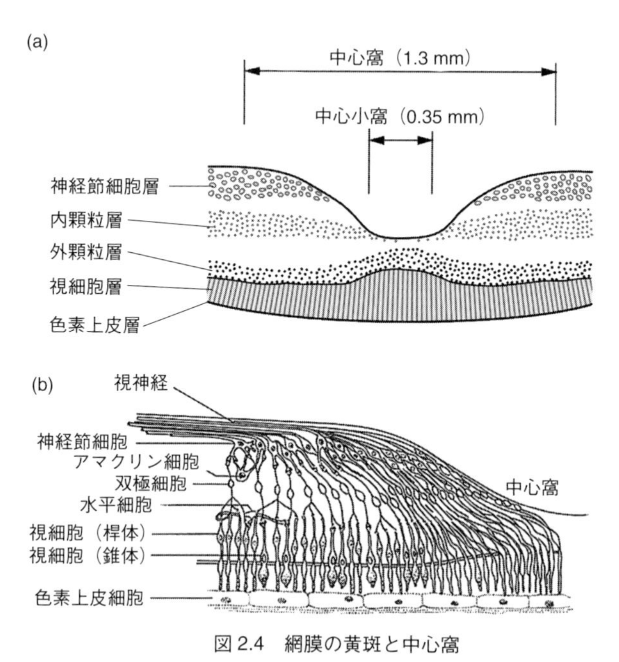

図 2.4　網膜の黄斑と中心窩

(a) 中心窩の構造. 文献［18］より改変. (b) 中心窩における神経細胞の配置の模式図. 文献［19］より改変.

る．この領域には錐体視細胞だけが存在し，これらにつながる双極細胞や神経節細胞は，その周りに押しのけられるように分布している（図 2.4(b)）．また，網膜の血管は中心窩を迂回するように分布している．その結果，中心小窩に入射した光は他の神経細胞や血管に乱されることなく，錐体視細胞に集光する．さらに，眼のレンズは単レンズのために色収差を起こすが，黄斑の由来であるカロチノイドの層がフィルターとなって短波長側の光成分が減少するため，結果的に色収差が少なくなる．この領域には，個々の錐体視細胞が

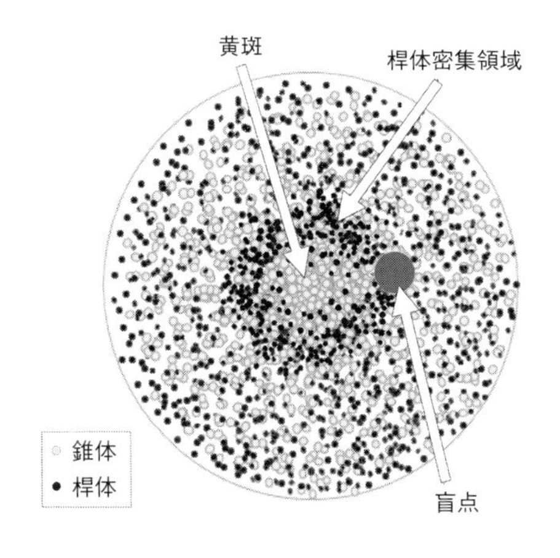

図 2.5　黄斑とその周辺における視細胞分布

受容した光情報を個別に脳へと送る，神経節細胞がある．そのため，この領域の空間分解能は錐体視細胞の大きさや密度によって決まる（7.1 節参照）．中心窩はヒトやサルなどの霊長類の網膜に存在する構造で，それ以外の哺乳類にはみられないが，鳥類や爬虫類，さらには魚類の一部には中心窩に相当する構造がある（コラム 2 参照）．図 2.5 にヒト網膜の中心窩周辺での桿体と錐体の分布の違いを示した．中心窩に桿体は存在しないが，その周辺には桿体が密集した領域がある．この桿体密集領域では空間分解能は悪いが感度が高い．暗い星を観察する際にその星の少し横を注視すると星がよく見える，というのはこの網膜構造に由来する．

コラム2

トリの中心窩

鳥類や爬虫類，さらには魚類の一部には中心窩に相当する構造があるが，これらの中にはヒトの中心窩とは機能が異なるものもある．なかでも猛禽類の多くは，網膜に中心窩に相当する構造を2つ持つ．その一つは片眼での視野の中心にある「中心窩」であり，もう一方は両眼視をする場合にその視線の奥にある「側頭窩」である（図(a)）．側頭窩はヒトの中心窩と同様の構造を持つが，ヒトに比べて錐体の密度がより高く，ヒトよりもより細かい空間分解能を持つと考えられている（図(b) 下）．一方，トリの中心窩はヒトの中心窩とは異なり，押しピンでくぼみを入れたようなするどい構造を持つ（図(b) 上）．この構造の意義は未知であるが，単眼で奥行き知覚を得るため，もしくは中心窩に映る像を拡大するため，など諸説ある．

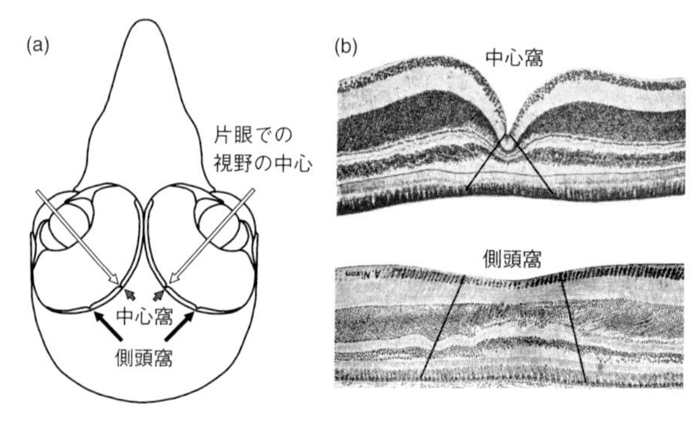

図　鳥類の網膜の中心窩
(a) ハヤブサの眼の構造．文献［20］より改変．(b) ツバメの中心窩（上）とワシの側頭窩（下）．文献［21］より改変．

2.3　眼と網膜の発生

2.3.1　眼の発生

ヒトの眼の発生は，胎生第3週の中ごろ，前脳の一部が外側に突出して眼胞が形成されることに端を発し，生後6カ月ごろには網膜の黄斑部が成熟してほぼ完成する．ヒトの眼の発生過程は非常に複雑であり，また，完成した眼も非常に精巧である．さらに，動物によって眼の形はさまざまである．自然選択による進化を提唱したダーウィンも，これほど精巧でバラエティーに富む眼が自然選択によってできあがることについては頭を悩ませたようである．

図2.6には眼（側頭眼）の発生過程を示した．発生の初期に外胚葉が陥入して神経管が形成され，その前脳胞から左右に1対の膨らみ（眼胞）が現れる．これが表皮外胚葉に触れると，表皮外胚葉において水晶体板の形成が誘導される（a)．その後，眼胞は陥入を起こして眼杯となり（b)，続いて水晶体板が陥入を起こし（c)，レンズ（水晶体）になる（(d)，(e))．レンズに近接した表皮外胚葉には角膜の形成が誘導される（d)．一方，陥入した眼杯の水晶体側が網膜に，その反対側が色素上皮層（色素細胞層）になる（(c)，(d)，(e))．

哺乳類以外の脊椎動物は，眼（側頭眼）以外にも頭頂部に光受容器官を持つものが多く，これらは松果体・頭頂眼・前頭器官などと呼ばれる．爬虫類のトカゲ類が持つ頭頂眼は，角膜やレンズを備えた立派な眼となっている（図2.7(a)，(b))．興味深いことに，頭頂眼は正立網膜を持ち，視細胞が網膜のレンズ側に位置する（図2.7(b))．これは側頭眼の倒立網膜とは対照的であり，この違いはレンズの形成プロセスに起因する．すなわち頭頂眼の場合も発生初期には将来の間脳になる領域から眼胞が上方に伸びる（図2.7(c))．

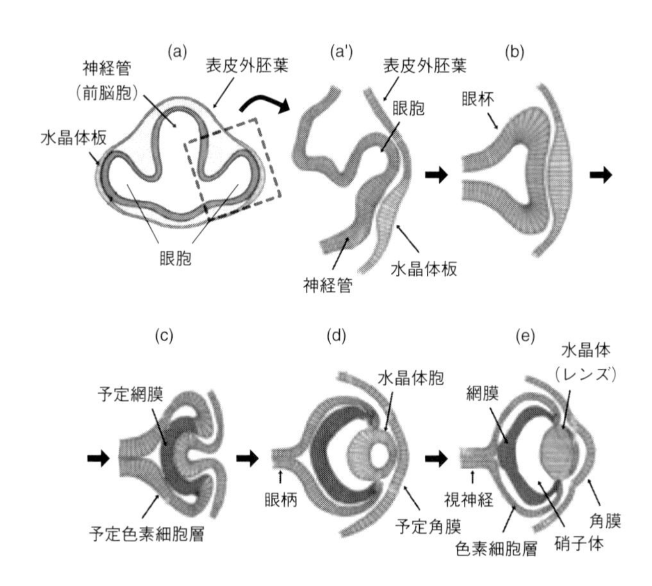

図2.6　眼（側頭眼）の発生様式
文献［22, 23］より改変.

しかし側頭眼の発生とは異なり，眼胞において表皮外胚葉に接する領域にレンズが形成され，これを取り囲む領域が網膜になる．面白いことに，網膜において視細胞が形成されるのは頭頂眼でも側頭眼でも，表皮外胚葉の外側と同じトポロジーの側である．頭頂眼の場合，レンズにつながる細胞層が網膜になったことから，網膜の内側（レンズ側）に視細胞層が，外側に神経節細胞層が位置し，正立網膜が形成される（図2.7(b)）．一方，側頭眼の場合には網膜層は陥入しているので，レンズとは逆，すなわち色素細胞層の側に視細胞が位置し，倒立網膜が形成される（図2.2）.

倒立網膜がどのような要因で形成されるようになったのかはわ

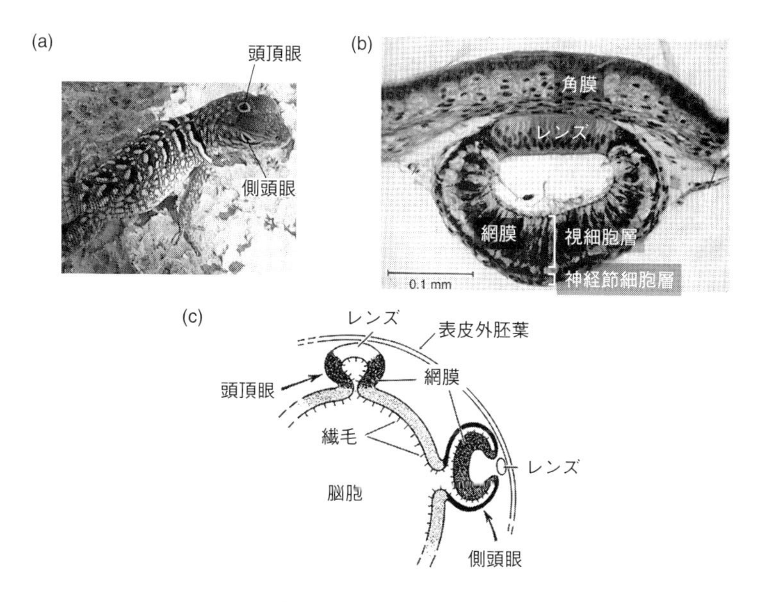

図 2.7 トカゲの頭頂眼

(a) トカゲの頭頂眼と側頭眼. https://commons.wikimedia.org/wiki/File:Madagascar_spiny_tailed_iguana_cropped.jpg（SurreyJohn（2018), CC-BY-SA-4.0). (b) 頭頂眼の断面写真. 文献［24］より改変. (c) 発生期の頭頂眼と側頭眼. 文献［25］より改変.

かっていない．眼球が発生する過程では，網膜以外にも非常に精巧な装置（組織）が形成されるが，これらの形成過程で必然的に倒立網膜が形成されたのかもしれない．倒立網膜に特徴的なことは，暗所視に特化した桿体視細胞が含まれることである．正立網膜には，脊椎動物以外の動物においても桿体視細胞のような構造を持つ視細胞は含まれない．暗所視の実現のためには，ロドプシンを大量にまた高密度に保持できる桿体の外節構造が必要であり，これが倒立網膜の形成につながった可能性もある．つまり，明るい光環境では黒

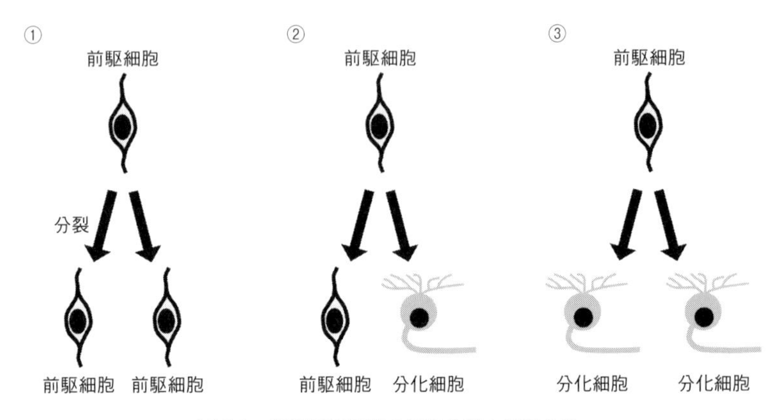

図 2.8　網膜前駆細胞の細胞分裂と細胞分化

色色素を含んだ網膜色素上皮層で桿体視細胞の外節を覆うことが必要であったのかもしれない．また，大量のロドプシンが機能するために必要な 11-*cis*-retinal の合成システムを新たに作る必要があり，それを網膜色素上皮層が担うようになったためかもしれない．

2.3.2　網膜の発生

すでに述べたように，網膜には5種類の神経細胞が含まれており，これらの神経細胞はすべて網膜前駆細胞から分化する．網膜前駆細胞の細胞分裂パターンは3種類あり（図 2.8），①もとの網膜前駆細胞と同じ性質を持つ（つまり分裂可能な）2つの細胞に分裂する場合，②分裂した片方のみがもとの性質を持ち，もう一方は分化した細胞になる場合，さらに，③分裂した両方が分化した細胞になる場合がある．発生の初期には①の分裂が起こり同じ性質を持つ細胞が多数できるが，その後②の分裂が起こり，最後には③の分裂が起こることにより，大多数の細胞が分化した状態になる．図 2.9

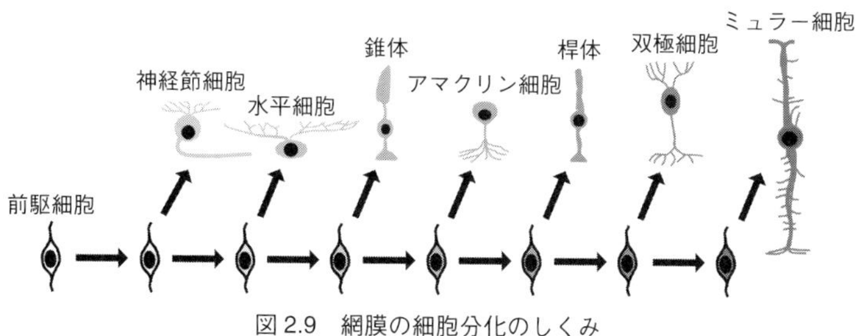

図 2.9　網膜の細胞分化のしくみ

に示したように，最初に分化する細胞は神経節細胞で，次に，水平細胞・錐体視細胞・アマクリン細胞，その後，桿体視細胞・双極細胞が分化する．最後に，網膜の支持・栄養細胞であるミュラー細胞が分化する．それぞれの細胞種が分化する発生時期には重複があり，また，分化する細胞の種類は発生時期によって異なる．

網膜前駆細胞がそれぞれの神経細胞に分化するのは，分化段階で発現する転写因子の組み合わせとその違いに起因する．細胞の分化に関与する転写因子は，DNA 結合領域としてホメオドメインを持つ転写因子（ホメオドメイン型），塩基性ヘリックスループヘリックス（basic–helix–loop–helix, bHLH）を持つ転写因子（bHLH 型），フォークヘッドボックスを持つ転写因子（Fox 型）などさまざまである．例えば，マウス網膜における分化の初期には，分裂した網膜前駆細胞に bHLH 型転写因子 Atoh7 が発現すると，神経節細胞に分化する．また，水平細胞に分化する際は Foxn4・Neurod4・Prox1 を含む転写因子セットが発現し，錐体視細胞の場合はさらに別の転写因子セット（Otx2・Oc1・Neurod1 など）が発現して分化する．一方，分化前の網膜前駆細胞には Pax6 や Sox2 が発現し，分化多能性（いろいろな細胞種へ分化し得る能力）を維持している．Pax6 は眼の発生にも重要な転写因子であり，Pax6 が発現することにより眼胞（optic vesicle）が誘導され，また，多能性網膜前駆細胞が形成される．発生過程では Pax6 に限らずさまざまな転写因子が多面的に働いていることが想像される．

第3章

視細胞の光応答メカニズム

脊椎動物の網膜に含まれる5種類の神経細胞のうち，眼に入ってきた光を最初に受容するのが視細胞である．視細胞の研究は電気生理学的な技術が進展した1960年代に始まり，脳の神経細胞とは違って特異な応答をする細胞であることから非常に注目された．通常の神経細胞は刺激を受けると，細胞内にナトリウムイオン（Na^+）が流入して脱分極性の応答を示す．一方，視細胞では，光刺激を受けないとき（これを暗状態と呼ぶ）に細胞内へのNa^+イオン流入があるので少し脱分極しているが，光刺激によりその流入が止まって過分極性の応答を示す．したがって，視細胞は暗いときに働き，明るくなると休むようにみえたのである．その後，応答のメカニズム，すなわち，イオンを透過させるチャネルタンパク質がどのようなメカニズムによって閉じるのかについて，20年近くに及ぶ論争が繰り広げられた．現在では，GPCRとして視物質がGタンパク質を介するシグナル伝達系を駆動し，cGMP感受性のイオンチャネルが閉じることにより視細胞が過分極応答することが明らかになっている．3.1～3.2節では，脊椎動物の網膜に含まれる2種類の視細胞の構造や光応答特性を概説し，研究が進んでいる桿体視細胞を中心に光応答メカニズムを説明する．

脊椎動物以外，つまり無脊椎動物の視細胞の研究も，イカ（軟体動物）やカブトガニ（節足動物）の視細胞を実験材料として始まった．脊椎動物の桿体や錐体とは異なり，これらの動物の視細胞が光を受容すると，通常の神経細胞と同様に脱分極する．その光応答メカニズムは，最近になってようやく全貌が明らかになりつつある．第1章でも述べたように，無脊椎動物（節足動物）の視細胞は，脊椎動物の視細胞とは異なり，Gqタイプの G タンパク質を利用し，5億年前には立派な視覚器官を構築していた．3.3節では，最も研究の進んでいるショウジョウバエ（節足動物）を実験材料とした研究について説明する．

3.1　脊椎動物の視細胞の種類と光応答

3.1.1　視細胞の構造と種類

視細胞には外節（がいせつ）と呼ばれる特殊な領域があり，この中に外界からの光情報を電気応答に変換するシステム（光情報変換系）が含まれている．走査電子顕微鏡で外節を観察すると，形の異なる2種類の外節があることがわかる（図3.1）．一方は円柱状の形をしており，

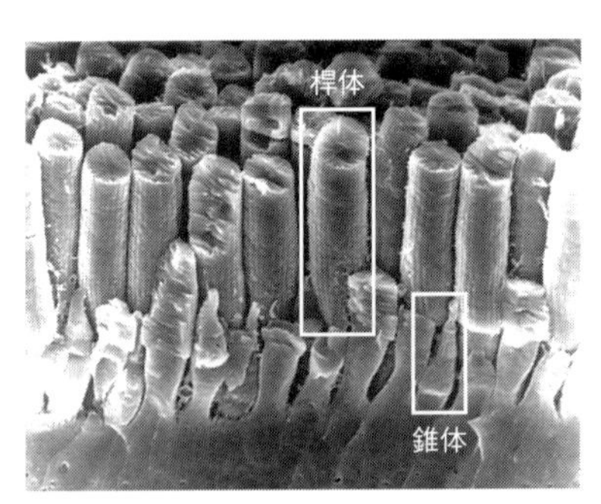

図3.1　ウシガエル網膜の桿体と錐体

走査電子顕微鏡により撮影［高浜秀樹博士より提供］．ウシガエル桿体の場合，外節の直径は5〜8 μmである．

この外節を持つ視細胞を桿体と呼ぶ．他方は円錐状の形をしており，これを持つ視細胞を錐体と呼ぶ．外節には生体膜がぎっしりと積み重なっており，桿体では，形質膜とは分離した扁平な袋状の膜構造（円盤膜）が1000枚以上積み重なっている（図3.2）．一方，錐体では形質膜が裾にいくほど広くて深く積み重なったラメラ構造をしている．これらの膜構造には大量の視物質が埋め込まれており，その濃度は約3 mM（3×10^{-3} mol/L）である．また，細胞質側の膜表面や細胞質内には視物質から光情報を受け取る種々の機能性タンパク質や，光情報の遮断や調節に関与するタンパク質が含まれている．

視細胞は高度に分化した細胞であり，外節以外に，内節，核，シナプスの領域に区別される（図3.2）．外節で受容された光情報は視細胞電位を変化させるが，シナプス領域には視細胞電位に応じて

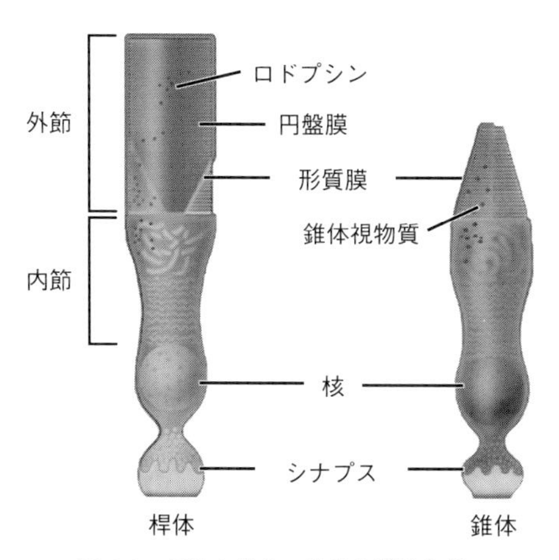

図3.2　桿体と錐体の構造と機能部位
文献［26］より改変.

神経伝達物質であるグルタミン酸を放出するシステムがある．視細胞は光がこない状態で脱分極しているため，シナプス領域からグルタミン酸が定常的に放出されている．光を受容した視細胞が過分極すると放出が止まり，そのことにより，後続の水平細胞や双極細胞に光情報が伝わることになる．内節には小胞体やゴルジ体のほかにミトコンドリアが非常に密に含まれており，細胞機能の維持や外節およびシナプス領域での大量のエネルギー消費に対応している．

3.1.2　視細胞の光応答

視細胞に光を照射すると，外節の形質膜を通るイオンの流れが変化し，視細胞が応答する．図3.3には，桿体と錐体に光強度の異な

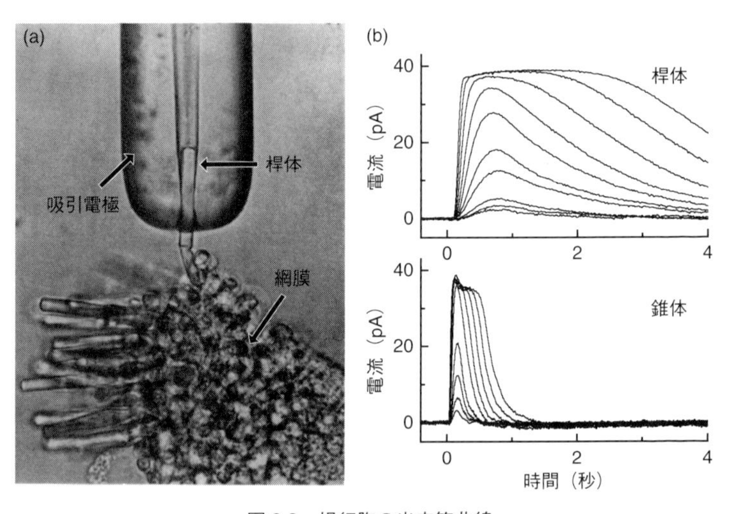

図3.3　視細胞の光応答曲線

(a) 吸引電極による電気生理学的な測定法．文献［27］より改変．(b) イモリ桿体と錐体の光応答曲線．10ミリ秒のパルス光に対する応答を測定したもの［櫻井啓輔博士より提供］.

るフラッシュ光（持続時間 10 ミリ秒）を照射したときに観測される，応答曲線（光応答曲線）を示した．桿体では，数個の視物質（ロドプシン）が反応する強さの光を照射すると，時間経過とともに応答がピークに達したあと，徐々にもとの状態へ戻る曲線が観測される．光強度を上げていくと，曲線の形はそれほど変化せずにピークが大きくなり，さらに強い光で照射すると，応答が飽和し，もとに戻る時間が長くなる．錐体でも同様の応答曲線が観測できるが，2 つの点で異なる．1 つは，応答が観測される光強度であり，錐体の場合には，数百個の視物質が反応する光強度になって初めて応答が観測される．また，応答がピークに達する時間は錐体のほうが約 4 倍速く，もとの状態へ速やかに戻る．これらのことから錐体は，光に対する感度は低いが，応答とその回復が速いことがわかる．

視細胞の光応答は外界の光環境によって変化する．図 3.4 の曲線 1 は，暗黒中で桿体視細胞に光を照射したときの応答曲線である．

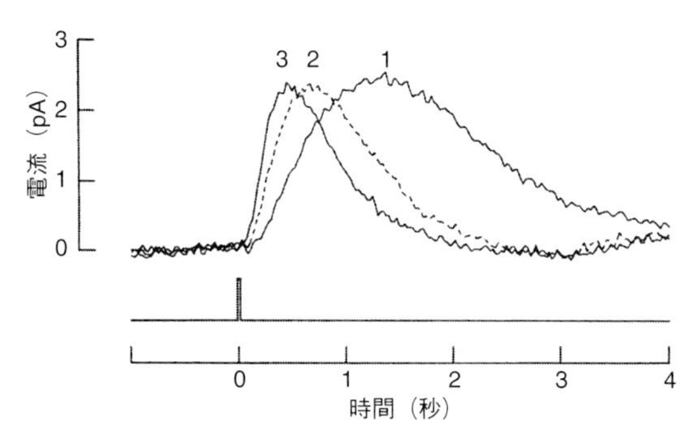

図 3.4　カエル桿体の光応答曲線

暗中（曲線 1）もしくは背景光下（曲線 2 および 3）において 20 ミリ秒のパルス光に対する応答を測定したもの．曲線 2 より曲線 3 の方が背景光が強い（約 40 倍）．なお，図 3.3 の桿体と応答時間が異なるのは，動物種が異なるためである．文献［27］より改変．

これに対して明るいところで光を照射すると，曲線2のような応答曲線が得られ，さらに明るい環境下で光を照射すると曲線3が得られる．つまり，明るいところでは応答曲線が速くピークに達し，速く減衰することがわかる．図の実験では各応答曲線のピークの大きさが合うように刺激光の強度を調整しているが，同じ強度の刺激光を用いた場合，明るいところでの応答ピークは小さくなる．つまり，桿体視細胞が明順応すると応答が速くなり，強度は小さくなる．一方，視細胞を暗いところに放置すると暗順応し，暗黒中で観測された応答と同じ応答を出すようになる．錐体視細胞も同様に明順応し，また，暗順応する．

3.1.3　桿体視細胞と錐体視細胞の応答特性の違い

すでに述べたように，桿体と錐体では応答の仕方が異なる．まず光感度については，桿体は 10^{-6} ～ 10 cd/m^2 の明るさの範囲で機能し，錐体は 10^{-3} cd/m^2 より明るい環境で機能する（図3.5）．錐体の光応答が起こらなくなる 10^{-3} cd/m^2 の光環境は，月の出ていない星空だけの夜の明るさである．したがって，我々の日常生活では

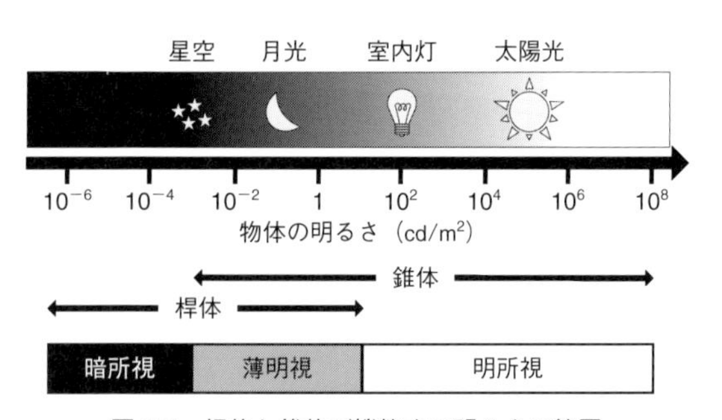

図3.5　桿体と錐体が機能する明るさの範囲

10^8 cd/m^2 以上の光強度では網膜に光障害が起こる．文献［28］より改変．

ほとんど錐体を使って周りを見ていることになる．もちろん，星空だけの夜でも我々は明るい星の色を見ることができる．色が見えるのは，我々が錐体を使って見ており，その星からの直接の光が十分に明るいからである．一方，暗く広がった星雲などを見るときには，中心窩（2.2 節参照）に存在する錐体で見るよりも，周辺部に多い桿体で見るほうがよく見える．つまり，暗い星雲を見る場合には，星雲の少し横に視線をずらして星雲のある方向に注意を向けるとよく見えることになる．

両視細胞は光感度以外にもさまざまな機能の違いがある（表 3.1）．前項でも述べたように光応答の速さも両視細胞で異なり，桿体は遅く，錐体は速い．例えば，明順応している錐体の応答をフリッカーテストで調べると，100 Hz の明滅にも追随できる．つまり，蛍光灯の光（50 もしくは 60 Hz で明滅する）は，十分に明るいとちらついて見えることになる．なお，現在多用されている液晶ディスプレイの書き換え回数は毎秒数十回程度であるが，直前の画像の状態が次の書き換え時まで保存されているので，明滅のような急激な変化を感じることはほとんどない．一方，桿体が追随できる

表 3.1 桿体と錐体の性質の違い

視細胞	桿体	錐体
役割	暗所視・薄明視	昼間視・色覚
光感受性	高い	低い
光応答	遅い	速い
光応答の回復	遅い	速い
暗順応	遅い	速い
ダイナミックレンジ	狭い	広い
コントラスト識別能	低い	高い

のは5 Hz程度の明滅であるといわれている．また，明るさの違い（コントラスト）の識別では，錐体は0.5%のコントラストでも識別できるが，桿体の場合は5%以上のコントラストが必要である．さらに，暗環境への順応速度も錐体と桿体では異なり，錐体では数分で順応するが桿体は30分～1時間程度かかる．映画館に行き，明るい場所から暗い場所に入ると，最初は何も見えないが，数分経つと周りが少しずつ見えてきて自分の席に座ることができ，30分ほどして周りを見渡すと，横に知り合いが座っていたことに気がつく．最初に速やかに暗順応するのが錐体であり，桿体の暗順応には時間がかかるが，感度の上昇が顕著である．以上のことから，錐体が明るい場所で速やかに応答するのに対し，桿体は応答速度や暗順応速度を犠牲にして高感度の獲得のために進化した視細胞であると考えられる．

3.2　脊椎動物の視細胞の光応答メカニズム

3.2.1　桿体視細胞の光情報伝達機構

視物質の光吸収から視細胞電位の発生に至る光情報伝達過程は，GPCRが関与する多くのシグナル伝達系の中で最も早くに解明され，また，現在でも精力的に研究が行われている．図3.6には，桿体外節においてロドプシンに始まるシグナル伝達の過程を模式的に示した．

この過程はロドプシンに光が吸収されるところから始まる．光を吸収したロドプシン（Rh，図3.6①）は発色団レチナールのシス-トランス異性化反応を起こして活性状態（②）になり，三量体Gタンパク質であるトランスデューシン（Gt，本章ではTと略記）と結合する（③）．トランスデューシンのαサブユニットにはもと

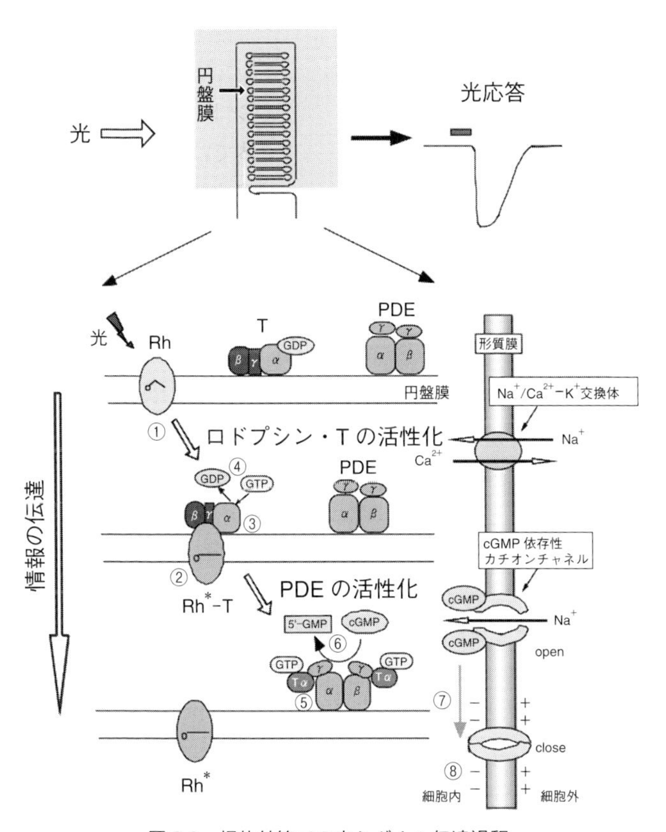

図 3.6　桿体外節での光シグナル伝達過程

もとグアノシン二リン酸（GDP）が結合しているが，活性化したロドプシンと結合すると，細胞内に含まれるグアノシン三リン酸（GTP）と交換する反応が起こる（GDP–GTP 交換反応，④）．その結果，トランスデューシンの α サブユニット（Tα）と $\beta\gamma$ サブユニット（T$\beta\gamma$）が分離してロドプシンから遊離する．GTPを結合したTαは活性状態になっており，cGMP分解酵素であるホスホジエステラーゼ（phosphodiesterase，PDE）のγサブユニットと結合する（⑤）．PDEは4つのサブユニット（$\alpha\beta\gamma\gamma$）からなり，αとβサブユニットが酵素活性を示し，γサブユニットはαとβの活性を抑制する働きを持っている．2つのγサブユニットに2分子のTαが結合することによりγサブユニットの抑制が解除され，その結果，PDEが活性状態になる．活性状態になったPDEは細胞内の環状ヌクレオチドcGMPを急激に加水分解し，その結果，細胞内のcGMP濃度が急減する（⑥）．形質膜にはcGMP依存性のカチオンチャネルが存在し，cGMPが結合した状態では開状態になっており，細胞外からNa^+イオンを主に流入させている．ロドプシンが光を吸収してPDEが活性化され細胞内のcGMP濃度が急減すると，カチオンチャネルからcGMPが遊離し，チャネルが閉状態になる（⑦）．その結果，カチオン（主にNa^+イオン）の流入が停止し，視細胞が過分極性の応答を示す（⑧）．

3.2.1.1　光シグナル増幅機構

桿体視細胞は1個のロドプシンが反応するだけでも電気応答を起こすことができる．この応答によって，形質膜の内外に流れていた電流が，1秒ほどの間，約1 pA減少する．形質膜の内外の電位差は約40 mVなので，流れていた電流のエネルギーは約4×10^{-14} Jと計算される．ロドプシンが吸収する1個の光子（500 nm）のエネルギーは4×10^{-19} Jなので，視細胞は吸収した光のエネルギーを利用して約10万倍のエネルギーを制御していることになる．視細胞のこの制御機構は，上記の光情報伝達過程を利用して，光シグナルを10万倍に増幅して利用しているともいえる．そこで，この過

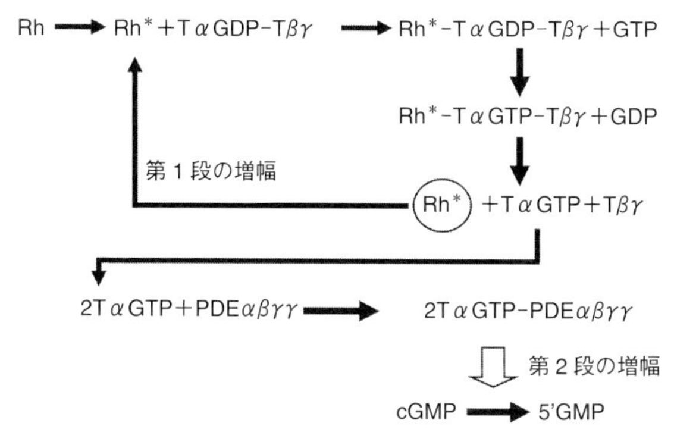

図3.7　桿体における光シグナルの増幅過程

程を視細胞における光シグナルの増幅過程と呼ぶ.

視細胞における光シグナルの増幅過程を図3.7に示した．まず，ロドプシン（Rh）が光を吸収して活性状態（Rh*）になると，トランスデューシン（TαGDP–Tβγ）と結合して活性化する（TαGTPが解離する）．そして，1個のトランスデューシンを活性化したロドプシンは，そのトランスデューシンから解離し，その寿命の間に別のトランスデューシンと結合して活性化する．視細胞応答の過程で活性化したロドプシンの寿命は30〜80ミリ秒しかないが，その寿命の間に12〜14個のトランスデューシンを活性化する．回転率（turnover rate）に換算すると，1秒あたり200〜600回に相当する．この過程を第1段の増幅過程という．次に，GTPを結合したトランスデューシンのαサブユニット（TαGTP）はPDE（PDEαβγγ）と結合して活性化する．PDEはTαが結合していないと活性状態にならないため，この過程でのシグナルの増幅は起こらない．さらに，活性化されたPDEはcGMPを5'GMPに分解するが，これは酵素反応であり，1秒間に約1000個のcGMPが分解される．この過程を第2段の増幅過程という．その結果，もともと開状態にあるチャネルの約4％が閉状態になり，形質膜の内外に流れていた電流が減少する．

3.2.1.2　光情報の遮断

視細胞は上記のようなメカニズムで光応答を起こすが，次の光応答を起こすために，もとの状態（暗状態）に戻る必要がある．そのため，視細胞内には活性化したロドプシンやトランスデューシンを不活性化するメカニズムが存在する．また，光応答によって減少した細胞内のcGMP濃度ももとの濃度に戻る必要があり，そのためのメカニズムも備わっている．ここでは，それぞれのタンパク質についての不活性化メカニズムを説明する（図3.8）．

まず，光によって活性化したロドプシン（Rh*）はキナーゼ（リン酸化酵素，RK）によってリン酸化され（図3.8(a)①），その後，ロドプシンのリン酸化された部位にアレスチン（Arr）が結合する（②）．その結果，トランスデューシンがロドプシンと結合できなくなり，ロドプシンによるトランスデューシンの活性化は停止する（③）．一方，活性化したトランスデューシンのα-サブユニット（Tα）には，RGS9（regulator of G protein signaling 9）が結合して（図3.8(b)④），Tα自身が持つGTP加水分解活性を数百倍に加速し，速やかにGTPをGDPに加水分解する．その結果，TαはPDEから遊離し（⑤），T$\beta\gamma$と再結合して不活性状態に戻る．また，PDEもTαから遊離することにより，もとの不活性状態に戻る．

細胞内のcGMPはグアニリルシクラーゼ（GC）によりGTPから定常的に合成されている（図3.8(c)⑥）．したがって，活性化したロドプシンやTα，PDEが不活性化すると，細胞内のcGMP濃度は速やかにもとの濃度に戻る．その結果，チャネルにcGMPが再び

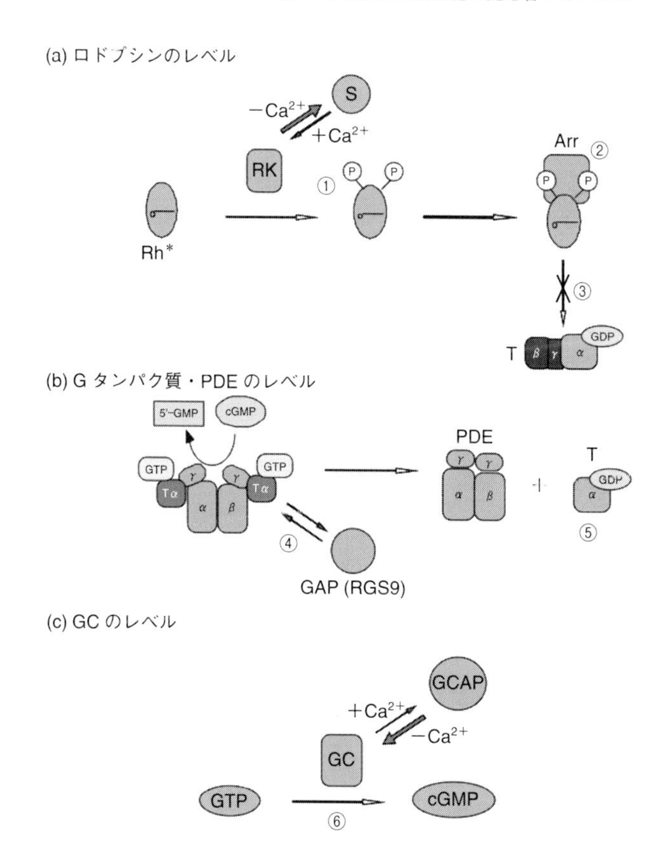

図 3.8　桿体における光シグナル伝達の遮断と調節

結合して開くことにより，もとの視細胞電位が回復する．

3.2.1.3　光情報の調節と順応

視細胞の cGMP 依存性カチオンチャネルは，暗状態では細胞外からナトリウムイオン（Na^{+}）とカルシウムイオン（Ca^{2+}）を9：1の割合で細胞内に取り込んでいる．Na^{+}イオンは内節に存在するNa^{+}/K^{+} ATPaseにより細胞外に放出され，細胞内のNa^{+}イオン濃度が一定に保たれている．一方，流入したCa^{2+}イオンは外節の形質膜に存在するナトリウム・カルシウム・カリウム交換体（以下，Na^{+}/Ca^{2+}–K^{+}交換体）によって定常的に放出され，細胞内のCa^{2+}濃度が一定に保たれている．視細胞が光を受容してカチオンチャネルが閉じると，細胞内へのNa^{+}イオンとCa^{2+}イオンの流入が止まる．一方，Na^{+}/Ca^{2+}–K^{+}交換体は視細胞が光を受容するかどうかには関係なく働いているため，Ca^{2+}イオンが放出され続け，Ca^{2+}濃度は大きく減少する．視細胞内にはCa^{2+}イオンの濃度変化に敏感に反応するタンパク質が複数存在し，これらのタンパク質の機能によって視細胞応答が調節・制御されている．この調節・制御のメカニズムをCa^{2+}フィードバックと呼ぶ．このメカニズムに関与するCa^{2+}結合タンパク質として，これまでにGCAP，S–モジュリン（別名リカバリン，図中ではSと表記），カルモジュリンの3種類が同定されている．

GCAP（GC活性化タンパク質）は細胞内のCa^{2+}イオン濃度が減少するとcGMP合成酵素GCに結合して，その酵素活性を増大させるタンパク質である（図3.8(c)）．光を受容した視細胞では，cGMP依存性のカチオンチャネルが閉じることにより，細胞内のCa^{2+}イオン濃度が減少する．その結果，GCAPがGCに結合してcGMPの合成を促進し，速やかにもとの暗状態の濃度に復帰させる．

視細胞は視物質で光を吸収することにより光応答を起こすが，光応答のプロファイルは形質膜に存在するチャネルの開閉によって決まり，その開閉に直接的な影響を与えるのはcGMP濃度である．GCAPはcGMP合成酵素GCの活性を制御するので，光応答の遮断に最も大きな役割を果たす．このことは，明順応における視細胞応答の変化でも同様である．明るい環境では，GCAP が視細胞の光感度を下げることによってまぶしさを解消し，光応答の持続時間を下げることにより，素早い応答ができるように働くことが示唆されている．

一方，S–モジュリン（別名リカバリン）はロドプシンキナーゼ（RK）に結合してキナーゼ活性を抑制するタンパク質である（図3.8(a)）．S–モジュリンは，視細胞内の Ca^{2+} 濃度が高いときには RK に結合してその活性を抑制するが，Ca^{2+} 濃度が低くなると RK から遊離するため，RK はロドプシンをリン酸化する．光を受容した視細胞では，cGMP 依存性のカチオンチャネルが閉じることにより，細胞内の Ca^{2+} イオン濃度が減少するので，S–モジュリンによる抑制がなくなった RK は，活性状態のロドプシンを最大活性でリン酸化し，光応答が速やかに遮断されると考えられていた．しかし，S–モジュリンと RK との結合における Ca^{2+} 濃度依存性の研究や，S–モジュリン遺伝子を欠損させたマウスの視細胞の研究により，S–モジュリンが光遮断に及ぼす影響はほとんどないことがわかってきた．むしろ，薄暗い光環境でロドプシンの活性状態の寿命を延ばすことにより，視細胞の光感度の増加に寄与することが示されている．

視細胞内の Ca^{2+} イオン濃度の変化により制御を受けるもう一つのタンパク質として，カルモジュリンがあげられる．カルモジュリンは cGMP 依存性カチオンチャネルに作用し，Ca^{2+} イオン濃度が高いときにはチャネルに対する cGMP の結合性を低く，Ca^{2+} イオン濃度が低いときには cGMP 結合性を高くする．例えば，視細胞内の Ca^{2+} イオン濃度が低いときには，チャネルに対する cGMP の結合性を上げることにより，チャネルが開口する確率を上げる．しかし，カルモジュリンによる制御の範囲は数倍であり，GCAPによる制御（10倍以上）に比べて効果が少ないと考えられている．

3.2.2　錐体視細胞の光情報伝達機構

視細胞での光応答メカニズムの研究は，1970年代以降に桿体を実験材料として進み，前項で述べたように，その概要がかなり明らかになってきた．1990年代以降，さまざまな遺伝子の配列情報が集積し，さらには多くの動物のゲノム情報も利用できるようになった結果，桿体の種々の機能性タンパク質に相同な遺伝子が錐体にも存在することがわかってきた．そこで，錐体でも桿体と同様の光情報変換系が機能しており，両視細胞の光応答特性の違いは機能性タンパク質の分子特性の違いで説明できるのではないか，と考えられた．

この仮説を検証する研究として，コイの網膜から錐体と桿体を単離して生化学的な比較解析が行われた（図3.9）．まず，視物質が光を吸収して活性状態に変化する効率（①）が比較され，桿体（ロドプシン）と錐体（錐体視物質）ではほとんど同じであることがわかった．一方，活性状態になった視物質がGタンパク質を活性化する効率（②）は桿体のほうが5倍ほど高く，また，リン酸化により視物質が不活性化される速度（③）は錐体のほうが100倍速いことがわかった．つまり，桿体では活性状態の視物質はGタンパク質トランスデューシン（T）を効率よく活性化し，また，その寿命が長いことにより，錐体に比べてより多くのTを活性化する．次に，活性型Tがホスホジエステラーゼ（PDE）を活性化する効率（④）や，活性型PDEがcGMPを5'GMPに加水分解する速度（⑤）は桿体と錐体でほとんど変わらないことがわかった．しかし，それぞれが不活性化される速度は錐体のほうが速く，活性型Tで20倍（⑥），活性型ホスホジエステラーゼで2〜3倍（⑦）異なる．

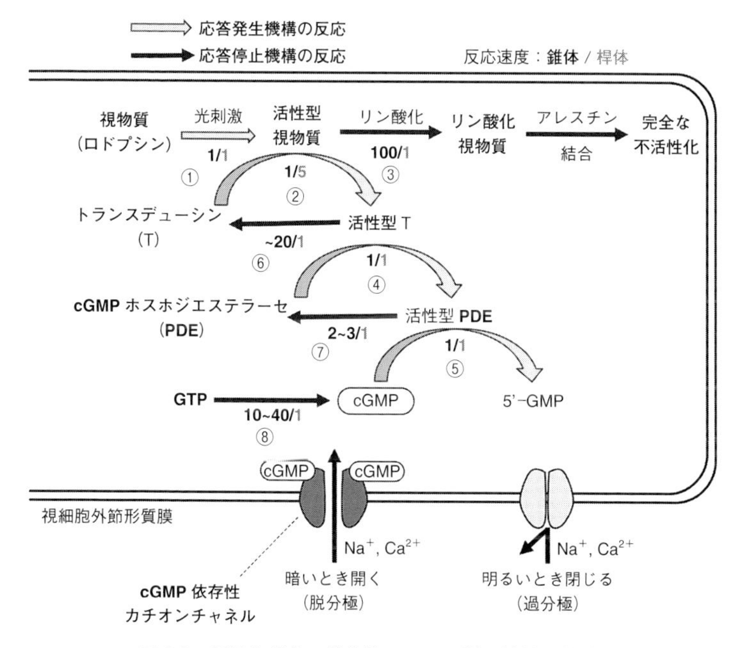

図 3.9　桿体と錐体の機能性タンパク質の特性の比較
文献［29］より改変.

このことから，錐体での cGMP の分解活性は桿体に比べて低いと考えられた．一方，cGMP 合成酵素であるグアニリルシクラーゼ（GC）の活性（⑧）は錐体のほうが 10〜40 倍大きいので，光受容により減少した細胞内 cGMP 濃度を速やかにもとの状態に戻すことができる．以上のことから，錐体は桿体に比べて，光情報を増幅する効率は低いが，もとの状態に速やかに回復する機構が発達していることがわかる．

桿体における機能性タンパク質の研究は，最初に生化学的な特性の解析がなされ，その後，遺伝子改変動物（主にマウス）の生理学的解析により，これらの分子の生理機能が検討された．錐体の場合も桿体に遅れて遺伝子改変動物による解析が進み，上述したような生化学的な特性の違いが生理学的に検証されるようになっている．まず視物質の違いについては，錐体視物質を桿体にノックインしたマウスを利用した研究が行われ，その結果，G タンパク質の活性化効率はロドプシンのほうが約3倍高いことが示された．上述のコイの視細胞を用いた生化学的解析ではこの違いは約5倍であったが，マウスでは約3倍の違いが生化学的にも示されており，生理学的な解析結果とほぼ一致する．一方，錐体のトランスデューシンを桿体にノックインした実験も行われ，トランスデューシンを交換しても効率が変わらないことが示されている．

一方，制御・調節に関与する機能性タンパク質の遺伝子改変動物による研究では，桿体との違いに加えて，錐体の機能を考えるうえで興味深い，以下のような結果が出ている（コラム3参照）．

- 活性状態の視物質を失活させる律速反応は，桿体ではキナーゼによるリン酸化であるが，錐体ではアレスチンの結合である．
- S–モジュリン（リカバリン）による視物質キナーゼの活性制御は，暗い環境では錐体の光感度上昇をもたらすが，明るい環境ではその効果がなくなる．
- 視細胞外節の Ca^{2+} イオン恒常性を支える Na^{+}/Ca^{2+}–K^{+} 交換体を欠損させると，錐体では光環境での応答や順応に影響を及ぼすが，明るい光環境ではみられない．
- cGMP 合成酵素 GC を活性制御する GCAP を欠損させると，錐体の光感度が上昇するが，桿体に比べるとその効果は低く，明るい環境ではほとんどみられなくなる．

以上のことから，錐体は明るい光環境で機能するための制御系をまず獲得し，そのあとにより暗い光環境での制御系を獲得したと考えられる．特に，視物質キナーゼに対するS-モジュリン（リカバリン）による制御は，暗い環境でキナーゼの効果を抑制することにより光感度の増加に関与している．桿体は，このような錐体の暗い光環境での制御系をさらに最適化し，わずか1個の光子の吸収でも応答を出すことのできる光情報伝達系を進化させたのではないだろうか．

コラム3

遺伝子改変動物を用いた錐体の光応答制御·調節の研究

錐体の光応答制御・調節には，桿体と同様ないくつかの機能性タンパク質が関与するが，桿体との違いという観点から遺伝子改変動物を用いた以下のような研究が行われた．まず，活性状態になった視物質をリン酸化して失活させるキナーゼについて，桿体と錐体での違いが明らかになった．桿体の場合，細胞内のキナーゼの量を減らすと応答の回復が遅く，量を増やすと速くなることが知られており，キナーゼによるリン酸化が視物質の活性状態を失活させる律速反応となる．一方，錐体の場合はこれとは逆に，キナーゼの量を減らすと回復が速く，増やすと遅くなる．この一見矛盾した実験結果は，視物質に結合するアレスチンとキナーゼの競合により説明される．すなわち，アレスチンはリン酸化された視物質（活性状態）に結合して失活させるが，このアレスチン結合がキナーゼ結合によって競合的に阻害されるからである．したがって錐体の場合は，アレスチン結合が活性状態の視物質を失活させる律速反応になる．錐体には桿体に比べてかなり多くのキナーゼが含まれており，さらにキナーゼの量を増やすと，視物質のリン酸化反応を速める効果よりも，視物質へのアレスチン結合を阻害する効果が大きくなると考えられる．

さらに面白いことに，錐体視物質の反応量を増やしていくと全体の1% を超えるあたりから，キナーゼの量の変化にかかわらず錐体の応答プロファイルが変化しなくなる．つまり，キナーゼによる活性状態の制御は，より多くの視物質が光反応する場合には効果を失うことになる．一方，Ca^{2+}依存的に視物質キナーゼの活性を制御する S–モジュリン（リカバリン）についての実験では，弱い光環境では錐体の感度を上昇させるように働き，明るい光環境ではその効果がなくなることがわかった．この効果は桿体での S–モジュリンの機能と同様である．

同様に，錐体視物質の光反応量が増えることにより効果がなくなるのが，Na^{+}/Ca^{2+}–K^{+}交換体を欠損する遺伝子改変動物（ノックアウト動物）を用いた実験である．錐体視物質の光反応量が少ないときには，Na^{+}/Ca^{2+}–K^{+}交換体を欠損する錐体は，欠損していない錐体（野生型）に比べてレスポンスが遅くなり，背景光による順応も遅れる．しかし，背景光を強くしていくと Na^{+}/Ca^{2+}–K^{+}交換体欠損の効果は見られなくなる．効果が見られなくなる原因には現在 2 つの可能性が考えられている．一つは，現在未知の別の Na^{+}–Ca^{2+}交換機構が存在する可能性である．もう一方は，強い光環境によって多くのカチオンチャネルが閉鎖することによって，細胞内への Ca^{2+}イオン濃度が十分に減少して，GCAP の GC 活性化効率が最大近くにまで増大し，細胞内で定常状態が実現している可能性である．

GCAP のノックアウト動物を用いた実験も行われている．GCAP を欠損した桿体は光感度が上昇して応答の回復が遅れるが，これは GCAP を欠損する錐体でも同様である．これは，cGMP 合成酵素 GC の活性を上昇させる GCAP がなくなることにより，細胞内の cGMP の供給が遅れるからである．しかし，錐体における GCAP 欠損の効果は桿体に比べると弱い．これは GCAP のサブタイプの違いに由来し，桿体には GCAP1 が発現し，錐体には GCAP2 が発現することに関係すると考えられている．一方，明るい光環境では GCAP 欠損の効果はなくなり，錐体に特徴的である非常にブロードな明順応曲線がGCAP欠損の場合にも測定される．このカーブは現象論的に錐体が飽和しないことを示している．したがって，錐体には明るい光環境で機能する別のメカニズムのあることが示唆される．

3.3　ショウジョウバエ視細胞の構造と光応答

これまでに説明したとおり，脊椎動物の視細胞はGタンパク質トランスデューシンを介した経路により光応答する．これに対して，軟体動物や節足動物など，多くの無脊椎動物の視細胞はGq型のGタンパク質を介した経路を用いる．ここでは，節足動物ショウジョウバエの視細胞に焦点を当てて，この光シグナル経路を説明する．

3.3.1　ショウジョウバエ視細胞の光応答様式と光シグナル伝達系

無脊椎動物の視細胞として最もよく研究されてきた中の一つが，キイロショウジョウバエ（*Drosophila melanogaster*．以下，ショウジョウバエ）の視細胞である．ショウジョウバエの成虫は暗いところよりも明るいところを好む性質（走光性）を持つ．1960～1970年代にかけて米国のBenzerやPakのグループを中心に，走光性を指標にした変異体スクリーニングが行われた．この順遺伝学的スクリーニングの結果，視細胞の光応答に異常を示す変異体が多数同定された．その後，これらの変異体の原因遺伝子が同定され，その多くが視細胞の光シグナル伝達経路の構成因子や調節因子をコードすることがわかった．これらの変異体の名称は動物の示す行動異

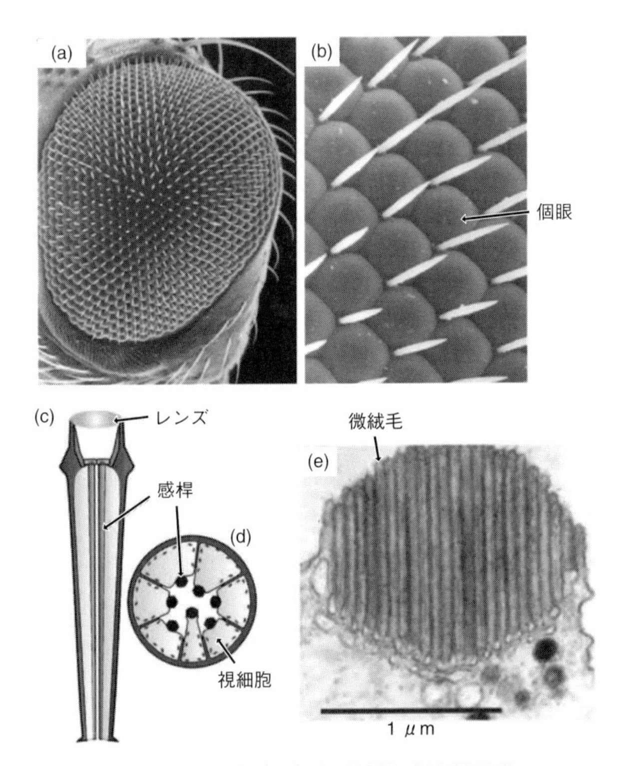

図 3.10　ショウジョウバエ複眼と感桿型視細胞
(a), (b) ショウジョウバエの複眼 ((b) は (a) の拡大). 文献 [30] より改変. (c), (d) 個眼の構造 ((c) は垂直断面, (d) は水平断面). (e) 感桿の構造. 文献 [31] より改変.

常に由来し，遺伝子名にも変異体名がそのまま使われていることが多い．例えば視物質の一つ，Rh1 をコードする遺伝子は *ninaE* というが，これは「neither inactivation nor afterpotential E」という意味で命名された，変異体の名前に由来する．

ショウジョウバエの複眼は約800個の個眼(こがん)と呼ばれるユニットからなる（図3.10）．個眼は8個の光受容細胞（視細胞：R1～R8）から構成されている．図3.10(d) には視細胞の断面が7個のみで(R1～R7に相当)，R8が表示されていないが，これは視細胞R7とR8が個眼の長軸に沿って上下に並んでいるためである．視細胞からは感桿(かんかん)と呼ばれる膜構造が個眼の内腔に向かって突き出ており，各視細胞の感桿は約30,000個の微絨毛からなる（図3.10(e)）．ここに光受容分子や光シグナル伝達系が存在する．

脊椎動物の視細胞である桿体や錐体では光に応答して細胞電位が過分極するのに対し，ショウジョウバエや多くの無脊椎動物の感桿型視細胞では脱分極する（図3.11）．これは，視細胞の光シグナル伝達経路の最後に位置する，イオンチャネルの特性が異なることによる．脊椎動物の視細胞では光を受容すると，cGMP依存性カチオ

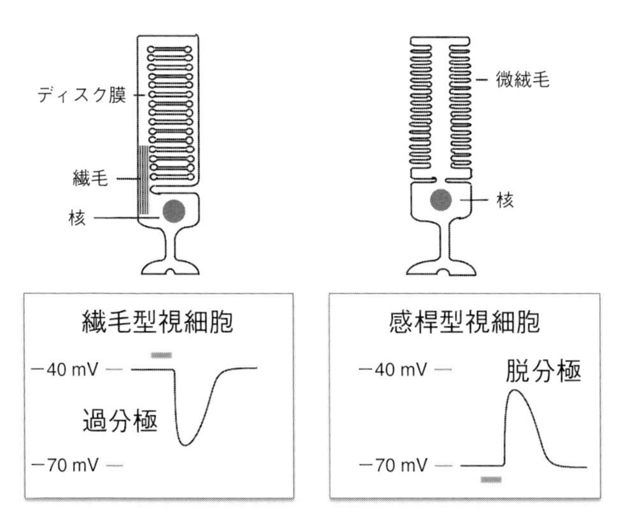

図3.11　繊毛型視細胞と感桿型視細胞の光応答様式の比較

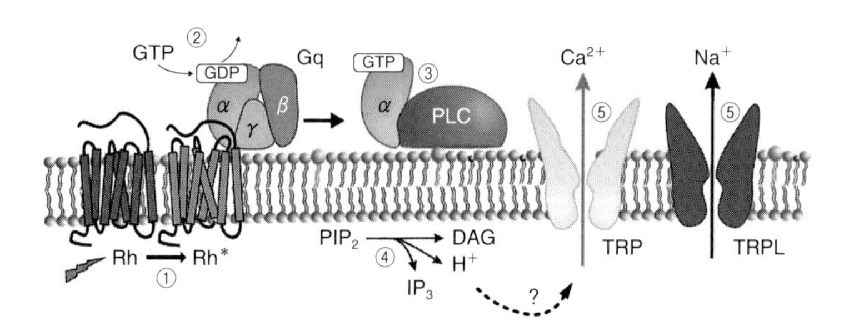

図 3.12　ショウジョウバエ視細胞の光シグナル伝達系
文献［31］より改変.

ンチャネルが閉鎖することにより，内向きの陽電流が減少して過分極する．これに対してショウジョウバエ視細胞では，TRP や TRPL と呼ばれるカチオンチャネルが光に応答して開口することにより，内向き電流が増加して脱分極する．

脊椎動物の桿体の視物質と同じく，ショウジョウバエ視細胞の視物質は，ロドプシン（Rh，図 3.12）と呼ばれる．どちらも G タンパク質を活性化する GPCR に分類されるが，活性化する G タンパク質サブタイプが異なる．ショウジョウバエの Rh も光を受容すると，発色団がシス–トランス異性化し，活性化する（Rh*，図 3.12①）．Rh*は Gq タイプの G タンパク質（Gq）を活性化，すなわち，Gq の α サブユニットに結合する GDP を GTP に交換する反応を促進する（②）．GTP 結合型の Gqα サブユニットは $\beta\gamma$ サブユニットから乖離し，リン脂質分解酵素 PLCβ を活性化する（③）．活性化 PLCβ はイノシトールリン脂質（PIP_2）を分解し（④），これにより TRP および TRPL チャネルが開口すると，Ca^{2+} イオンを含むカチオンが流入して脱分極する（⑤）．なお，TRP チャネルは Ca^{2+} 選択性が高く，TRPL は非選択性のカチオンチャネルである．

PLCβ 活性化から TRP/TRPL チャネル開口へと至るメカニズムは長らく謎として残されていた．一般に，PIP_2 の分解産物であるイノシトールトリスリン酸（IP_3）やジアシルグリセロール（DAG）が細胞内シグナル伝達の二次メッセンジャーとして機能することはよく知られている．例えば，IP_3 は IP_3 受容体を介して小胞体からの Ca^{2+} 放出を引き起こす．また，DAG はタンパク質リン酸化酵素（PKC）などを活性化する．ところがショウジョウバエ視細胞の光シグナル伝達系においては，IP_3 や DAG が光依存的な TRP/TRPL チャネル開口に直接関与する可能性は極めて小さいことがわかっている．これに対して近年，有力なモデルの一つとして，PIP_2 の分解が微絨毛膜の張力変化を引き起こし，その機械刺激によって TRP/TRPL チャネルが開口する，という仮説が提唱されている（コラム 4 参照）．

本項では，ショウジョウバエの視細胞は Gq 型の G タンパク質を介した経路により光応答することを紹介したが，同様の Gq 型 G タンパク質経路は，他の昆虫類を含む節足動物や軟体動物などの視細胞でも利用されている．これは，脊椎動物の視細胞の光応答が G タンパク質トランスデューシンを介した経路を用いることと対照的である．当初これら 2 つの経路は，脊椎動物と節足動物が分岐してからそれぞれで獲得されたものと考えられていたが，第 3 のシグナル伝達経路（Go 型 G タンパク質を介した経路）を持つ視細胞がホタテガイにおいて発見されたことから，脊椎動物や節足動物が分岐する前の祖先動物において，すでにこれら複数の光シグナル伝達経路が獲得されていたことが明らかになった．これを裏付ける証拠の一つとして，ショウジョウバエと相同な光シグナル伝達経路を持つ光受容細胞（ipRGC）が哺乳類網膜において発見された．ipRGC については第 6 章で紹介する．

コラム4

TRP/TRPL チャネル開口のメカニズム

ショウジョウバエ視細胞の光シグナル伝達経路の研究において，PLCβ 活性化から TRP/TRPL チャネル開口へと至るメカニズムは長らく謎のままであった．これに対して Hardie らは近年，PLCβ 活性化が機械的な力の発生を介してチャネル開口するという新たな仮説を提唱している．そのきっかけは，ショウジョウバエから単離した個眼に光照射すると，個眼の長さがわずかだが収縮すること（0.5 μm）を発見したことに始まる．そこで Hardie らは原子間力顕微鏡（AFM）を用いて，複眼表面の力学的な変化を測定したところ，やはり光依存的に機械的な力が発生することがわかった．この光依存的な変化は，ショウジョウバエ視細胞の電気的な光応答と同じような光強度依存性やキネティクスを示す（図(a)）．このことから，視細胞の光応答に伴って機械的な力が発生すると考えられた．

さらに，この力学的な光応答には PLCβ の光活性化が必要であるが，TRP/TRPL チャネルは必要でないこと，また，視細胞の電気的な光応答（TRP/TRPL チャネルの開口）が脂質二重膜の硬さや浸透圧の影響を受けることもわかった．これらの結果から，PLCβ が光活性化すると，感桿の微絨毛膜に存在するイノシトールリン脂質（PIP_2）が DAG と IP_3 に分解されて（図(b)）微絨毛膜の張力が変化し，その機械的な刺激により TRP/TRPL チャネルが開口する，というモデルが提唱された（図(c)）．なお，PIP_2 が DAG と IP_3 に分解されるときにはプロトンも生成するが，このプロトンが，TRP/TRPL チャネル開口を促進することもわかっている．

TRP/TRPL チャネルがショウジョウバエで初めて同定された当時は，相同なタンパク質は見つかっていなかったが，現在では大きなタンパク質ファミリーの構成メンバーであることがわかっている．このタンパク質ファミリーは，最初に発見された TRP チャネルの名前を冠して「TRP チャネルファミリー」と呼ばれる．TRP チャネルファミリーは，温度受容に関わるTRPMやTRPVなど，いくつかのサブファミリーで構成されている．ヒトTRPC6は，TRPやTRPLが属するTRPCサブファミリーのメンバーであり，機械刺激によって活性化することが知られている．TRP/TRPLチャネルで発見された活性化メカニズムが，他の生体システムの細胞内シグナル伝達経路においても共有されている可能性は高い．

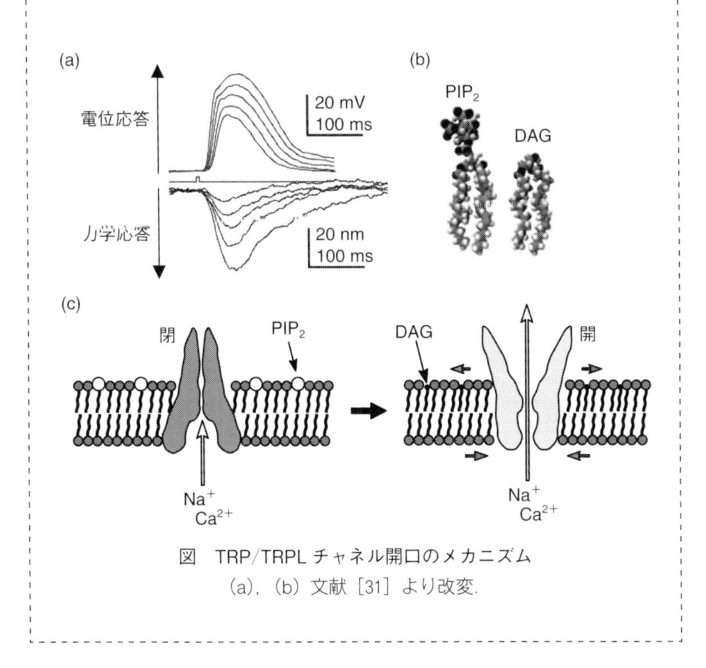

図 TRP/TRPLチャネル開口のメカニズム
(a)，(b) 文献［31］より改変．

3.3.2 ショウジョウバエ視細胞の素早い応答を支えるメカニズム

視覚情報は時々刻々と変化するが，それをキャッチするため，ショウジョウバエ視細胞は素早いON-OFFができるしくみを持っ

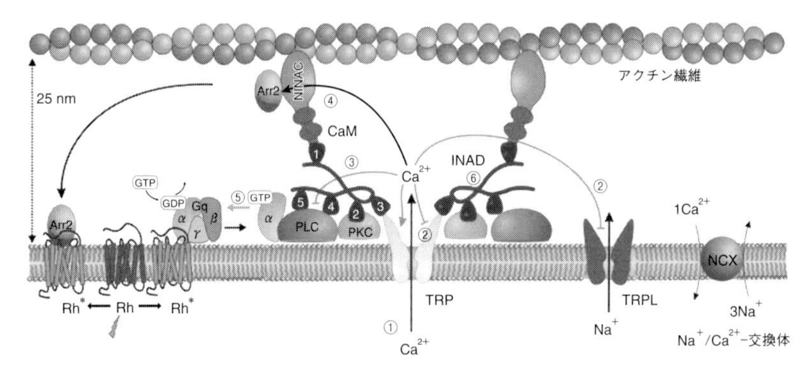

図3.13　ショウジョウバエ視細胞の光シグナル伝達の遮断のメカニズム
文献［32］より改変.

ている．例えば光刺激がなくなったときには視細胞の興奮を素早く抑制する必要があるが，そのために光シグナル伝達経路を遮断するメカニズムが備わっている（図3.13）．脊椎動物の視細胞の光シグナル伝達経路の遮断（3.2.1.2項）と同様，ショウジョウバエ視細胞においてもCa^{2+}イオンが大きな役割を担うが，その分子メカニズムはかなり異なる．

まず，光刺激に伴ってTRPチャネルが開口するとCa^{2+}イオンが流入する（①）．低濃度のCa^{2+}イオンはTRPチャネルの開口を促進するが，さらに高濃度になると，TRPやTRPLチャネルの開口が抑制される（②）．これが1つ目の遮断メカニズムである．

細胞内Ca^{2+}イオン濃度上昇はまた，エフェクターであるPLCβのPIP_2分解活性を阻害する（③）．細胞内Ca^{2+}イオン濃度上昇はさらに，アレスチン2（Arr2）の局在を変化させる（④）．Arr2は暗中ではミオシン（NINAC）に結合しているが，光により細胞内Ca^{2+}イオンの濃度が上昇するとNINACから乖離し，活性化型ロドプシン（Rh*）に結合して不活性化する．また，Ca^{2+}イオン濃度には依存しない遮断メカニズムとして，エフェクターであるPLCβが，活性化型Gqα（GTP結合型）のGTPase活性を促進することにより，不活性化型Gqα（GDP結合型）へ変換する（⑤）．これら一連の遮断メカニズムにより，光シグナル伝達経路の各ステップが不活性化される．

このような遮断メカニズムとともにショウジョウバエ視細胞の素早い応答を支えるのが，シグナル伝達分子の局在化である．上述したように，ショウジョウバエ視細胞において光シグナル伝達を担うタンパク質群は，感桿の微絨毛（図3.10(e)）に局在している．微絨毛は直径50 nm・長さ数百nmの細いチューブ状の膜構造であり，その中心にあるアクチン繊維により支えられている．この微小な空間に上記の光シグナル伝達経路やその調節を行うタンパク質群が局在することにより，高い効率でのシグナル伝達が可能となっている．

タンパク質群の局在に貢献する分子として，INADと呼ばれる足場（あしば）タンパク質が重要である（⑥）．INADは，PDZと呼ばれるタンパク質間相互作用ドメインを5つ持っており（図中の白数字1～5），これらのPDZドメインを介して，PLCβやTRPチャネルなどのシグナル分子や，アクチン繊維上のミオシン（NINAC）と複合体を形成している．INADを欠損する変異体では視細胞の光応答が遅くなり，かつ光感度が低下する．INADを土台（足場）として光シグナル伝達に関わるタンパク質群が複合体を形成することが，微絨毛内での高効率な光シグナル伝達の基盤となっていると考えられる．

第4章 視物質

視物質はGPCRのメンバーとして約7億年前に生まれ，その後，光受容体として進化・多様化したタンパク質である．多くの視物質の中で最初に発見されたのが桿体視細胞に含まれるロドプシンで，現在，最も研究の進んでいる視物質でもある．本章では，ロドプシンを例にして視物質の構造と光反応機構について概説し，そのあとで，先祖型の視物質からの進化過程について説明する．

4.1 視物質の構造と吸収極大

視物質はオプシンと呼ばれるタンパク質にビタミンAの誘導体であるレチナールの11-*cis*型立体異性体（11-*cis*-retinal）が結合したものである．2000年にはGPCRとしては初めて，ロドプシンの立体構造がX線解析により決定された（図4.1）．オプシンは約350個のアミノ酸からなり，それらが脂質二重膜を貫く7本のα-ヘリックスと膜に平行な1本のα-ヘリックス，さらに，それらをつなぐループ構造を形作っている．レチナールを結合するのは，N端から数えて7番目のα-ヘリックスの中央付近に位置するリジン残基のアミノ基であり，プロトン化したシッフ塩基結合を形成している．オプシン，11-*cis*-retinal，視物質（ロドプシン）の関係を模式的に示したのが図4.2(a)である．

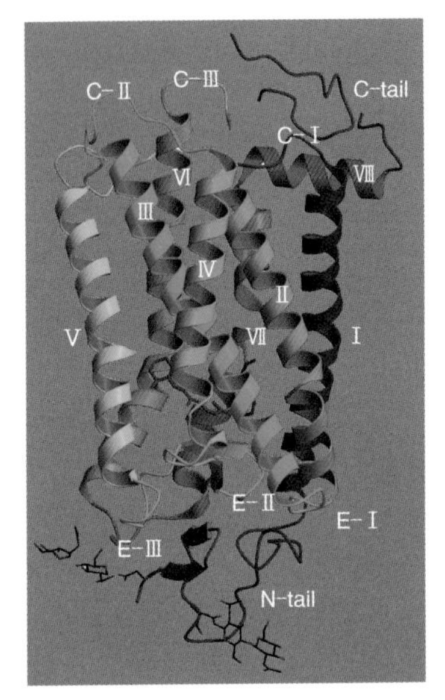

図 4.1　ロドプシンの立体構造

8本のα−へリックスをⅠ～Ⅷの番号で示した．文献［33］より改変．

11−*cis*−retinalは，有機溶媒に溶かした状態では380 nm付近に吸収極大を示すが，リジンとシッフ塩基結合してプロトン化されると，440 nm付近に吸収極大を示す．さらにロドプシンでは，レチナールと周囲のアミノ酸残基との相互作用により，吸収極大が500 nmに位置する（図4.2）．ヒトの網膜にはロドプシンを持つ桿体に加え，3種類の錐体が含まれており，それぞれ420 nm，530 nm，560 nmに吸収極大を示す視物質を持つ．これらの視物質はすべて11−*cis*−retinalを含んでいるが，周りのタンパク質部分が異なるために，420～560 nmの異なる吸収極大を示す（図4.3）．我々が可視光と呼ぶ光は波長が400～750 nmにあるが，これらの光は桿体

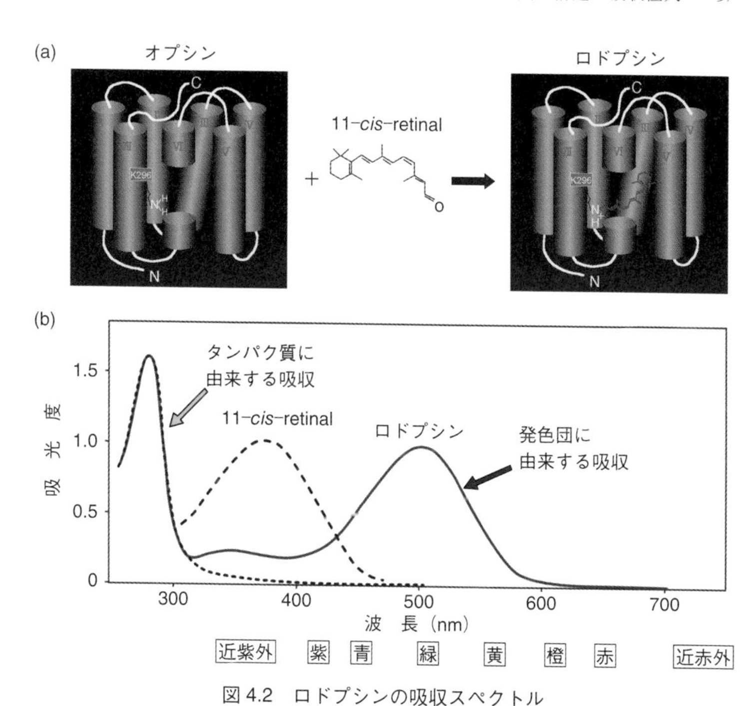

図 4.2　ロドプシンの吸収スペクトル

(a) オプシン（タンパク質）に 11-*cis*-retinal（発色団）が結合してロドプシンが生成する．(b) オプシン，11-*cis*-retinal，ロドプシンの吸収スペクトルの比較．

や錐体に含まれるいずれかの視物質によって吸収される．なお，400 nm より短波長の光は眼のレンズに含まれる色素によって吸収されるため，網膜には到達しない．オプシン自体は芳香族アミノ酸残基に由来する吸収ピークを 280 nm 付近に持つが，可視光は吸収しない．我々が可視光を吸収できる（見える）のは，オプシンに 11-*cis*-retinal が結合しているからである．

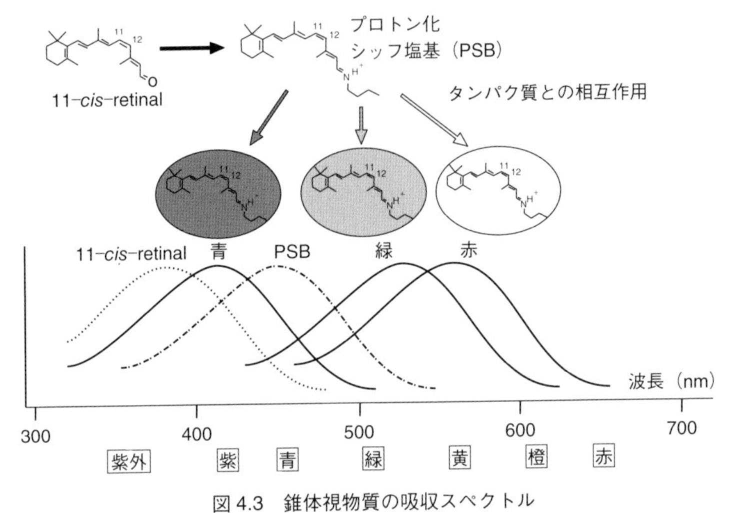

図 4.3　錐体視物質の吸収スペクトル

ヒトの 3 種類の錐体視物質（赤，緑，青）はいずれも発色団として 11-*cis*-retinal を結合するが，異なる吸収極大波長を持つ．

4.2　視物質の光反応過程

光を吸収した視物質は，種々の中間状態（中間体）を経てＧタンパク質を活性化する状態に変化する．この過程を視物質の光反応過程と呼ぶ．図 4.4(a) には視物質の中で最も研究の進んでいるウシロドプシンの光反応過程が示されている．光反応過程の研究は 1950 年代に始まり，当初は室温での非常に速い反応を捉えることが難しかったことから，ロドプシン試料を低温下に冷やし，熱反応を抑えた状態で分光学的解析が行われ，中間体が次々に発見された．その後，レーザー閃光分解法が導入され，すでに低温下で発見されていた中間体が室温（生理的温度）でも同定されるとともに，新たな中間体も発見された．そして，1990年代には，フェムト秒のレーザーパルスを用いてロドプシンの励起状態が観測された．2000年代に入ると，X線回折法によりロドプシンと主だった中間体の立体構造が決定され，光反応過程でどのような構造変化が起こるかが詳細に議論されるようになった．

ロドプシンが光を吸収すると，励起状態で発色団レチナールのシス–トランス異性化反応が起こり，200フェムト秒以内に最初の中間体であるフォトロドプシンに変化し，その後数ピコ秒以内にバソ中間体（バソロドプシン）に変化する．この時間領域では発色団の$C_{11}=C_{12}$の二重結合以外の部分はほとんど動かず，発色団は非常にねじれたトランス構造になる（図4.5(a)）．その結果，吸収された光エネルギーの約60%が発色団とその周りのポテンシャルエネル

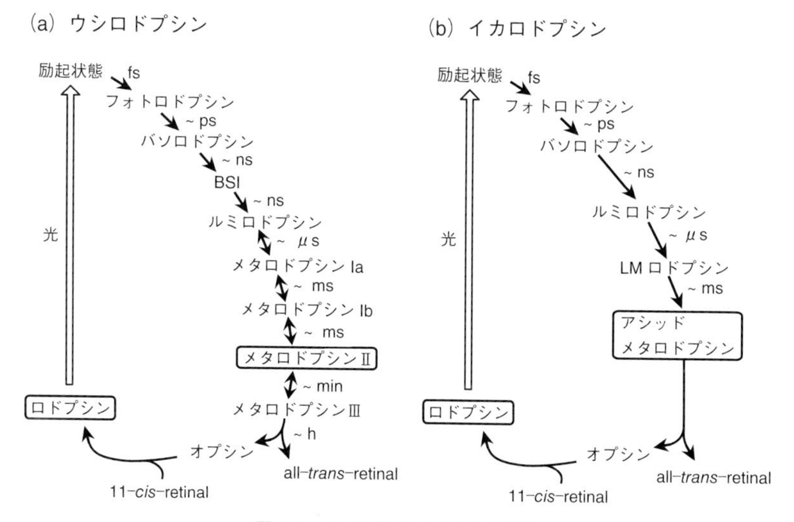

図4.4　ロドプシンの光反応過程

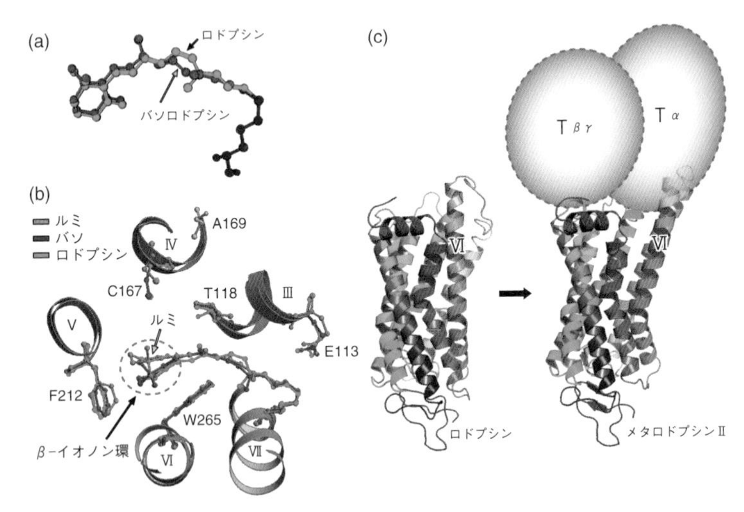

図 4.5　ロドプシンの光反応過程における構造変化

(a) ロドプシンとバソ中間体の発色団の構造比較.(b) ロドプシンからルミ中間体への構造変化. 発色団とその周辺を示した.(c) ロドプシンとメタロドプシンⅡの構造の比較. メタロドプシンⅡではヘリックス6（Ⅵ）が外側に傾き, トランスデューシン（Tα/Tβγ）と相互作用する. 文献 [34, 35, 36] より改変.

ギーとして蓄えられる. その後, このエネルギーを使って発色団のねじれを解消するように発色団のβ-イオノン環付近のタンパク質部分が動き出し, ナノ秒領域でBSI（blue-shifted intermediate）と呼ばれる中間体を経てルミロドプシンが生成する（図4.5(b)). さらに, マイクロ秒領域でメタロドプシンⅠが生成し, ミリ秒領域でメタロドプシンⅡが生成する. メタロドプシンⅡの生成過程ではヘリックス6が回転しながら外側に傾き, 細胞質ループの構造が変化する. その結果, Gタンパク質のα-サブユニットのC末端との結合サイトが形成される（図4.5(c)). メタロドプシンⅡはロドプシンの活性状態であり，G タンパク質と結合することにより G タンパク質を活性状態にする．メタロドプシンⅡはその後メタロドプシンⅢに変化し，最終的に all-*trans*-retinal とオプシンに分離する．

我々の視覚は非常に高感度で，網膜上に数個の光子が来ると「光が見えた」と感じる．これは，視細胞に含まれる視物質の量子収率が 0.67 と非常に高く，桿体視細胞の場合には，わずか 1 個のロドプシンが反応するだけで電気応答が出る（視細胞電位が変化する）からである．なぜ量子収率が高いかを理解するためには，分子の励起状態からの緩和過程を理解する必要がある（図 4.6）．基底状態（①）にある分子は光を吸収して励起状態（②）に遷移し，吸収したエネルギーを何らかの形で放出して基底状態に戻る．この基底状態に戻る過程を緩和過程という．励起状態からの緩和過程は大きく 4 つに分けることができる．1 つは吸収したエネルギーを熱エネルギーとして放出する熱緩和過程である（③）．また，エネルギーを

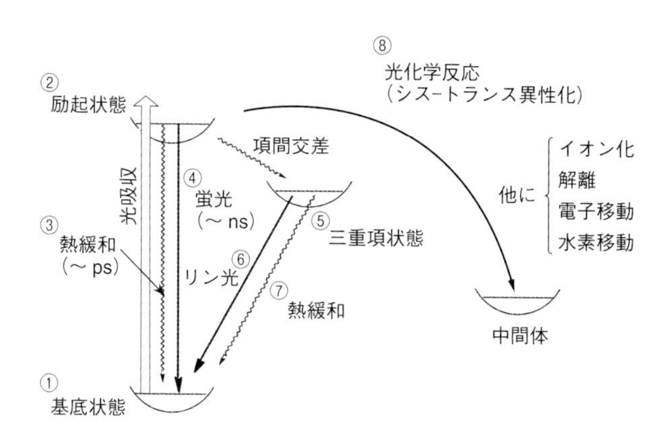

図 4.6 分子の励起状態からの緩和過程

光として放出する蛍光過程（④），さらに，励起状態での電子スピンが変化する項間交差を経て三重項状態になり（⑤），そのあとにエネルギーをリン光として放出する過程（⑥）と熱エネルギーとして放出する過程（⑦）がある．さらにもう一つ，励起状態で分子の構造が変化して，もとの基底状態とは異なる別の基底状態に緩和する光化学反応過程がある（⑧）．ロドプシン発色団のシス–トランス異性化反応は光化学反応過程の一つである．励起状態から熱緩和や蛍光，項間交差の過程が起こると，分子は光を吸収する前の状態に戻ることになる．ロドプシンは光を外界からの情報源として利用するので，光を吸収した前後での分子の状態が変化し，光を受けたという情報を分子構造の変化としてトラップし，最終的にGタンパク質を活性化する構造に変化する必要がある．そのために発色団のシス–トランス異性化反応が起こるのである．励起状態からの熱緩和や蛍光過程，また，項間交差などはナノ秒からピコ秒の時間で起こる．一方，ロドプシンの場合は発色団の異性化反応がフェムト秒の時間で起こる（コラム5参照）．励起状態でのこれらの緩和過程は競争反応なので，最も速く起こる過程，つまり，発色団の異性化反応が優先して起こり，そのために，量子収率が高くなるのである．

脊椎動物の視物質と同様に，無脊椎動物の視物質についてもその光反応過程が研究されている．図4.4(b) にはイカロドプシンの光反応過程が示されている．ウシとイカのロドプシンでは，両者とも，光反応の初期に生成してくる中間体はよく似ている．一方，反応後期に現れる中間体は両者でかなり異なる．ウシロドプシンの場合には20 ms以降の時間でメタロドプシンIIが生成してくるが，イカロドプシンの場合には1 ms以内にアシッドメタロドプシンが生成し，それ以降に新たな中間体は生成しない．また，メタロドプシンIIとは違って，アシッドメタロドプシンは室温でも安定な中間体である．さらにアシッドメタロドプシンは，光を吸収するともとのロドプシンに変化するという点で，メタロドプシンIIとは大きく異なる．両者の違いは視物質（ロドプシン）の進化過程から理解できる．脊椎動物の視物質は先祖型の無脊椎動物の視物質からGタンパク質をより効率よく活性化するように進化してきた．つまり，脊椎動物の視物質では，無脊椎動物の視物質の光反応過程のあとにGタンパク質を高効率に活性化するタンパク質構造を持つメタロドプシンIIが生成するようになったのである．この過程については4.5節で詳述する．

コラム5

ロドプシン発色団のシス-トランス光異性化メカニズム

桿体視細胞が興奮（過分極）するのは，最初に視物質ロドプシンが光を吸収して反応を起こすからである．そこで，ロドプシンの研究の初期には，光でロドプシンがどのような反応を起こすのか，とりわけ，最初にどのような反応が起こるのかに焦点を当てた研究が進められた．1963年に吉澤とWaldは，液体窒素温度（−196℃）でロドプシンの光反応過程を詳細に検討し，バソロドプシンの発色団レチナールがトランス型に異性化していると推定した．そして，「ロドプシンの光化学初期過程は発色団レチナールのシス-トランス異性化反応である」という重要な仮説を提唱した．しかし，その当時は単純な分子（例えばスチルベンなど）でさえも，液体窒素温度という極低温では異性化反応が起こるとは考えられておらず，化学的には非常に大きなレチナール分子が（それもタンパク質の中で）異性化するというのは，通説を覆す考えであった．しかし，その後，ピコ秒レーザーを用いた閃光分解法によりバソロドプシンが室温（生理的温度）でも生成すること，また，共鳴ラマン散乱の実験から，バソロドプシンはトランス型の発色団を持っていることが明らかになり，発色団のシス-トランス異性化仮説は正しく，反応は非常に速く起こると考えられるようになった．

　ロドプシン発色団の光異性化反応のメカニズムを考えるには，有機化合物などの異性化反応の場合と同様に，横軸に二重結合まわりの回転角をとり，縦軸に基底状態と励起状態のエネルギーポテンシャルを書いた図（図(a)）が使われていた．図(a) は，ピコ秒レーザーを利用した研究が盛んであった1980年代までに考えられていた，異性化反応のエネルギー図である．ロドプシンは11-*cis*型のレチナールを含んでおり，それが光によってトランス型に異性化する．そこで，基底状態のロドプシンが光を吸収して励起状態に上がり，その後，振動緩和を経て励起平衡状態に達し，その後に基底状態に遷移し，トランス型のレチナール発色団を持つ光産物（中間体）に変化すると考えら

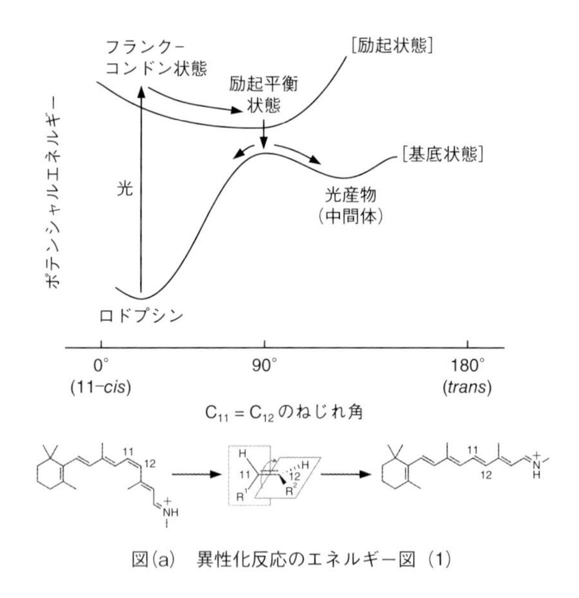

図(a)　異性化反応のエネルギー図（1）

れていた．この図で反応速度の律速になるのは，励起状態から基底状態に遷移する過程で，理論的には1ピコ秒から10ピコ秒程度かかると考えられていた．ところが，1990年代になってフェムト秒レーザーパルスを用いた分光法がロドプシンの研究にも利用されるようになり，ロドプシンの励起状態は200フェムト秒以内に基底状態の光産物に遷移することが明らかになった．さらに，光産物の生成過程を吸光度の時間変化として追跡すると，吸光度の変化に分子振動に由来するオシレーション成分が含まれることがわかってきた．つまり光産物は，励起状態での振動成分を持ったまま基底状態に遷移することが示唆された（この現象を「光産物は励起状態からコヒーレントに生成した」という）．このことからロドプシンでは，励起状態に上がった発色団が振動緩和を起こす前に，振動状態を保ったままで基底状態に遷移すると考えられるようになった（図(b)）．

その後の理論的・実験的な研究から，2原子分子以外の多原子分子（レチナールも含まれる）では，図(a)で示したような励起状態と基底

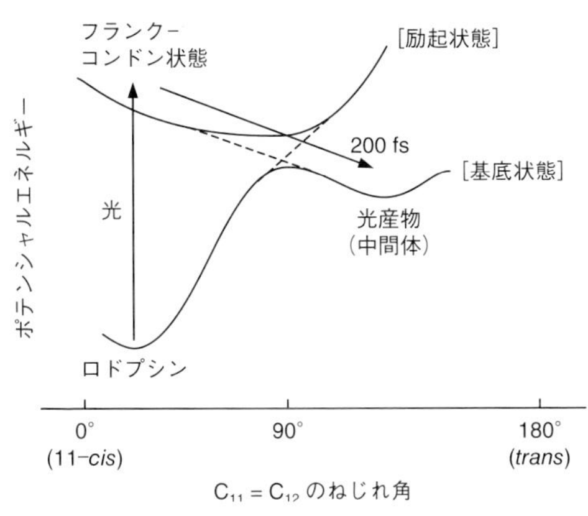

図(b)　異性化反応のエネルギー図（2）
文献［37］より改変．

状態のポテンシャルは交差することが可能であり，励起状態の分子が振動緩和をする前に，交差する領域を通って基底状態に遷移できることもわかってきた．図(a) では分子がシスからトランスへ異性化する軸だけを示しているが，異性化するには $C_{11}=C_{12}$ のねじれ振動だけでなく他の分子振動（$C_{11}-H$ や $C_{12}-H$ の面外変角振動など）も重要な寄与をする．そのような，他の分子振動も含む多次元の異性化反応の空間では，円錐型に交差するポテンシャル領域（円錐交差領域）が存在する（図(c)）．最近の研究では，フェムト秒パルスを用いた過渡格子分光法により励起状態と基底状態の光産物の振動状態が解析され，ロドプシンの発色団は50フェムト秒未満で励起状態から円錐交差領域を通って基底状態に遷移することが示されている．ロドプシンは我々の視覚を支える重要なタンパク質であるが，光化学のパラダイムを示す分子でもあり，反応機構に関する新たな挑戦の対象にもなっている．

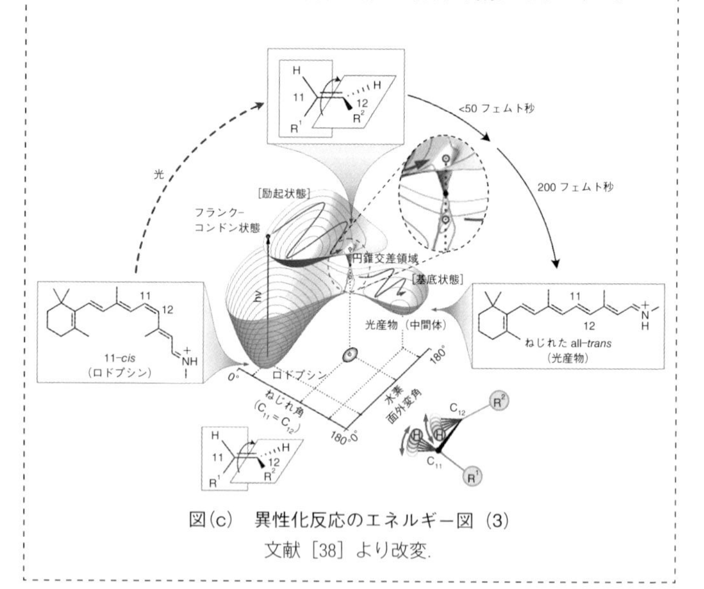

図(c)　異性化反応のエネルギー図（3）
文献［38］より改変．

4.3　視物質・オプシンの多様性

すでに述べたように，視物質を含むオプシン類は現在では2万以上の遺伝子が同定されている大きなグループである．これらのアミノ酸配列にもとづいた分子系統樹を見てみると（図4.7），オプシン類は少なくとも8つのサブグループに分けられる．この分子系統樹には動物の視覚機能に関与するオプシン（視物質）以外にも，瞳孔反射・概日リズム・光周性・体色変化といった非視覚機能の光受容を担うオプシンが含まれ，また，現在のところはその機能が明らかでない多くのオプシンも含まれている．興味深いことに，このようなオプシンの分類は，それぞれのグループに含まれるオプシン類が共役するGタンパク質の違いによく対応する．図4.7に，それぞれのグループが共役するGタンパク質の種類を図に示した．一方，Gタンパク質と共役しないグループもある．レチノクロムはイカの視細胞の内節部分に存在するが，光を利用してall-*trans*-retinalを11-*cis*-retinalに変換する光異性化酵素として働き，視細胞の外節部分に存在するロドプシンに11-*cis*-retinalを供給する役目を担う．また，ペロプシンはどのGタンパク質サブタイプと共役するのかはわかっていない．

脊椎動物のロドプシンはGt/Gi/GoのGタンパク質サブタイプと共役するグループに含まれ，節足動物（ショウジョウバエ）や軟体動物（イカ）のロドプシンはGqと共役するオプシンに含まれる．ほとんどのグループは脊椎動物で同定されたオプシンと無脊椎動物で同定されたオプシンの両方を含む．このことから，オプシン類の多様化は脊椎動物と無脊椎動物の分岐よりも前に起こったことが推察される．

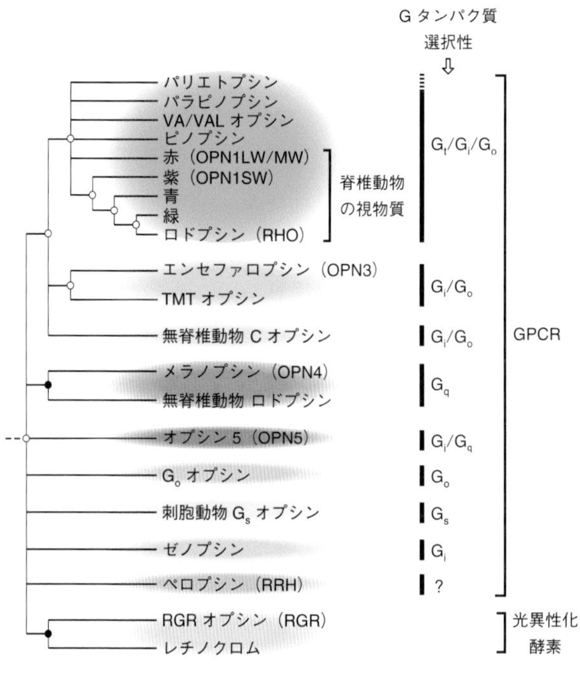

図 4.7　オプシン類の分子系統樹

4.4　視物質と GPCR

視物質の祖先は all-*trans*-retinal をアゴニスト（agonist）とする GPCR として生まれ，長い進化の結果，光を吸収して活性状態になる視物質となったと考えられている．ここでは，現存の GPCR とロドプシンについて，それらの活性化メカニズムの違いを比較検討する．

まずは，ロドプシンの元になった GPCR の G タンパク質活性化

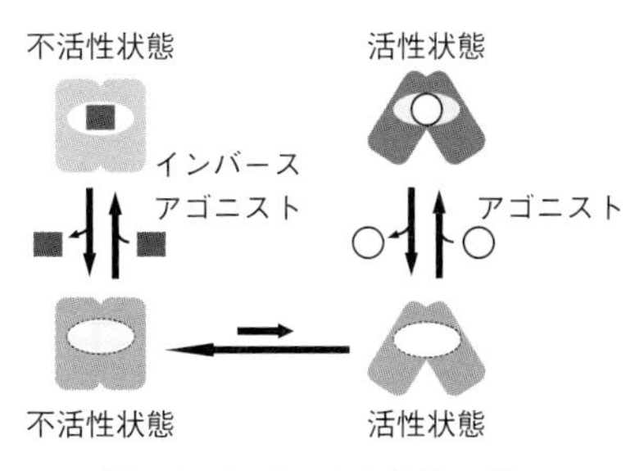

図 4.8　GPCR の 2 状態モデル

メカニズムについて説明する．そのメカニズムは 2 状態モデルによって説明することができる（図 4.8）．GPCR はアゴニストなどの結合サイトが空の状態では，G タンパク質を活性化する状態（活性状態）としない状態（不活性状態）の熱平衡になっている．アゴニストが存在すると，活性状態にアゴニストが結合して安定化し，その結果として，平衡が活性状態にシフトする．逆に，インバースアゴニスト（inverse agonist）は不活性状態に結合してそれを安定化し，平衡状態を不活性状態のほうにシフトさせる．活性状態の GPCR は，結合した G タンパク質上での GDP–GTP 交換反応を誘起して，GTP 結合型の G タンパク質（活性型）を生成する．

ロドプシンは，11–*cis*–retinal を発色団とする不活性なタンパク質で，光を吸収して初めて活性状態に変化し，G タンパク質を活性化する．図 4.4(a) に示されたウシロドプシンの光反応過程を，G タンパク質を活性化する過程として簡略化して示すと図 4.9 のようになる．タンパク質部分オプシンは 11–*cis*–retinal を結合してロドプシンになるが，光でシス–トランス異性化反応を起こすと，all–*trans*–retinal を結合する活性状態（メタロドプシンⅡ）になる．メタロドプシンⅡから all–*trans*–retinal が遊離すると，もとの不活性

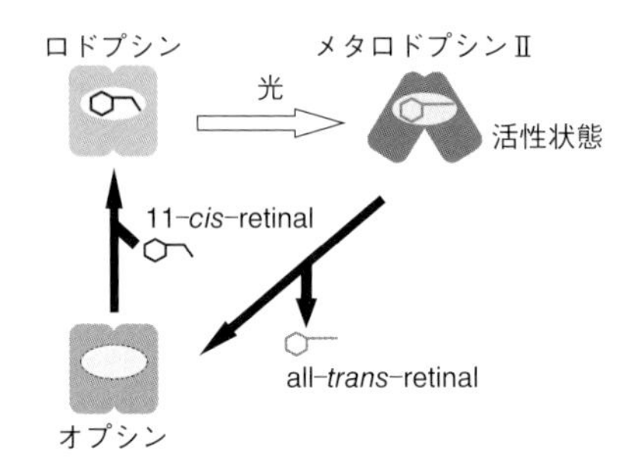

図 4.9　脊椎動物ロドプシンの活性化メカニズム

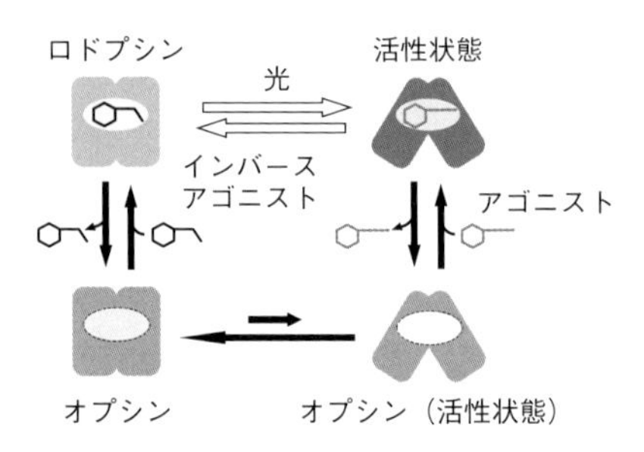

図 4.10　無脊椎動物 Go ロドプシンの活性化メカニズム

のオプシンに変化する．

一方，無脊椎動物のロドプシンの中には光反応以外は GPCR と同様のメカニズムを持つものが存在する（Go ロドプシン）．つまり，その反応メカニズム（図 4.10）は，11-*cis*-retinal がインバースアゴニストで，all-*trans*-retinal がアゴニストである GPCR として，2 状態モデルで説明できる．一般の GPCR との違いは，光によってアゴニストとインバースアゴニストが相互に変換することで

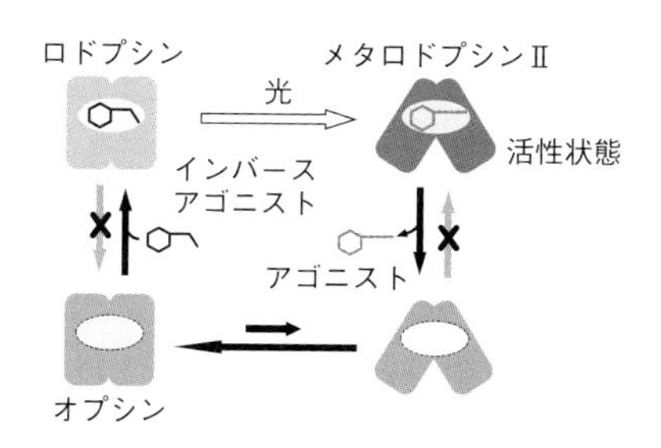

図 4.11　脊椎動物ロドプシンの光反応過程

ある．これはオプシンが，光感受性の分子であるレチナールをアゴニストとする GPCR として偶然生成したことを示している．

そこで図 4.10 をもとに，脊椎動物ロドプシンの反応メカニズムを書き直してみると，図 4.11 のようになる．つまり，脊椎動物ロドプシンの G タンパク質活性化メカニズムは図 4.10 と同様に書けるが，進化の過程で，インバースアゴニストである 11-*cis*-retinal の遊離が起こらなくなり，光反応が一方向性になり，また，アゴニストとの直接の結合が起こらなくなったものと理解できる．以上のように脊椎動物ロドプシンでは，無脊椎動物 Go ロドプシンの活性化メカニズムの中のいくつかの反応が起こらなくなっている．

無脊椎動物 Go ロドプシンは，11-*cis*-retinal あるいは all-*trans*-retinal と直接結合して安定な不活性状態と活性状態を形成する（図 4.10）．もちろん光受容体として進化しているので，11-*cis*-retinal と結合しやすい．これらの 2 つの状態は光により相互に変換する．つまり，光可逆反応を起こす．したがって，光が連続的に入射する環境では，不活性状態と活性状態とが混在する光定常状態が生成するため，どんなに光が強い環境でも不活性状態が存在し，光で飽和することなく機能することができる．しかし，光可逆反応を起こすために，光受容体のすべてを活性状態にすることができず，その結果として，光シグナルの伝達効率は低くなってしまう．脊椎動物のロドプシンは，後述する分子進化過程で無脊椎動物のロドプシンと分岐し，特異的なアミノ酸変異を蓄積した．脊椎動物のロドプシンは生理環境では 11-*cis*-retinal とのみ結合するため，安定な不活性状態を形成することができる（図 4.11）．光を受容すると活性状態になって効率的に G タンパク質を活性化するが，活性状態は光によってもとのロドプシンに戻ることがない．したがって，脊椎動物のロドプシンは光シグナルの伝達に最適化された光受容体であり，無脊椎動物のロドプシンに比べ，より高い S/N 比で光シグナルを正確に伝達することができる．もちろん．all-*trans*-retinal を遊離したオプシンがもとのロドプシンに戻るための十分な 11-*cis*-retinal の供給システムが必要である．

4.5　視物質の進化

GPCR のメンバーとして生まれた先祖型の視物質は，長い進化過程を経て，光を受容して活性状態になる現在の視物質になった．これまでの研究から，視物質のタンパク質内には構造や構造変化の鍵となるアミノ酸残基が存在するので，視物質の種類によってこれらのアミノ酸残基に相違があると，その変異によって視物質の性質が変化してきたと推定できる．ここでは，視物質の進化過程とそのときのアミノ酸変異について概説する（図 4.12）．

先祖型の視物質は，アゴニストである all-*trans*-retinal と結合して活性状態になる GPCR であったと考えられる（①）．一方，現存の視物質は，11-*cis*-retinal と結合して安定な静止状態を形成し，

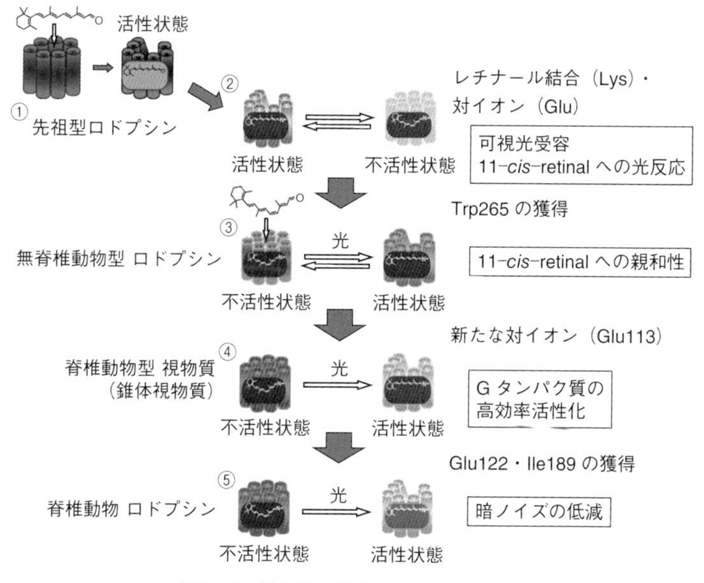

図 4.12　視物質の進化とアミノ酸変異

光で活性状態に変化する．したがって，進化の初期に起こったこととして，まず，結合した all-*trans*-retinal が光で選択的に 11-*cis*-retinal に変化するようになり，さらにその後，all-*trans*-retinal と 11-*cis*-retinal に対する結合親和性が逆転したと考えられる．これらの時期にオプシンがどのように変遷していったかについては，過渡的な性質を持つ視物質が現存しない（発見されない）ので，実験的に証明することは難しいが，間接的な実験事実を積み重ねることにより推定されている．

有機溶媒中で all-*trans*-retinal に光照射すると，$C_{13}=C_{14}$ の二重結合が異性化した 13-*cis*-retinal が主に生成する．一方，all *trans*

–retinal がリジン残基とシッフ塩基結合を形成してさらにプロトン化すると，$C_{11}=C_{12}$ の二重結合が選択的に光異性化して，11–*cis*–retinal を生成するようになる．したがって，先祖型の視物質は，結合した all–*trans*–retinal とシッフ塩基結合を形成するのに必要なリジン残基（Lys）を獲得し，さらにシッフ塩基がプロトン化するために必要なグルタミン酸残基（Glu）を獲得したのではないかと想像される（②）．all–*trans*–retinal のプロトン化シッフ塩基は可視光を吸収して反応する．つまり，視物質の初期の変化は可視光を吸収して変化する GPCR となったようである．

次に視物質に起こったのは，all–*trans*–retinal ではなく，11–*cis*–retinal と直接結合するようになったことである（③）．つまり，インバースアゴニストである 11–*cis*–retinal と直接結合し，さらに光を吸収すると不活性状態から活性状態になるという，光受容体としての機能を果たすようになったことである．この逆転に関与するアミノ酸で現在発見されているのは，N 末端から 265 番目に存在するトリプトファン残基（Trp265）であり，この残基を体積の小さな残基に置換すると all–*trans*–retinal との結合親和性が上昇する．この性質を持つ視物質はイカやショウジョウバエのロドプシンのような無脊椎動物型の視物質で，11–*cis*–retinal と結合して不活性状態のオプシンを形成し，光を吸収して発色団の異性化を起こして活性状態になる．また，この状態はもとの不活性状態と同様に安定であるが，光を吸収すると不活性状態に変化する．そこで，このオプシンを双安定性光受容体（bistable photoreceptor）と呼んでいる．

次にこの視物質が，一方向性の光反応を示す脊椎動物型の視物質になり，より高効率な G タンパク質活性化能を獲得するようになる（④）．この変化は，プロトン化シッフ塩基に対する「対イオン」となるグルタミン酸を，新たに 113 番目の位置に獲得したこと

（Glu113）が原因の一つである．その結果，光反応の後期にGタンパク質をより効率的に活性化する中間体（メタII中間体）が生成するようになり，逆に光を吸収してももとのロドプシンに戻ることができなくなった．この視物質は現在の錐体視物質のような性質を持っていたのではないかと考えられ，さらに，アミノ酸残基の変異により高いGタンパク質活性を示しながら，ノイズの非常に少ない脊椎動物のロドプシンへと進化したことがわかっている（⑤）．

以上のように，当初はall-*trans*-retinalをアゴニストとして結合していた先祖型の視物質（①）が，アミノ酸残基の変異の蓄積により，このようにユニークな特徴を持つ視物質に変化してきたことがわかってきた．これらの変化の原因となったのは，発色団レチナール周辺に位置するアミノ酸残基の変異である．例えば265番目にトリプトファン残基を獲得することにより，11-*cis*-retinalとの結合親和性が上がった（③）．無脊椎動物の視物質から脊椎動物の視物質への変化は，113番目に新たにグルタミン酸を獲得したことであり，これにより対イオンがそれまでの181番目の残基から転位した（④）．さらに，錐体視物質から暗ノイズの少ない桿体視物質ロドプシンへの変化では，122番目と189番目の位置のアミノ酸残基の変異が重要である（⑤）．

第5章 色覚のメカニズム

視覚の中で重要な機能の一つに色感覚（色覚）があり，この機能は錐体が担っている．色覚は波長の異なる光を別々の色（情報）として感じることである．錐体には色（波長感受性）の異なる視物質を持つ複数のタイプがあり，ある波長の光はこれらの錐体に異なる割合で受容され，それぞれの情報が高次神経系で統合されることにより，色覚が生じる．色覚に関する学説は1800年頃に提唱されたヤング・ヘルムホルツの3原色説と1878年にヘリングによって提唱された反対色説（4原色説）が有名である．本章ではこれらの学説の基礎的な部分を視物質の性質や進化，さらには，視細胞のネットワークから説明する．なお，桿体による色覚はごく一部の動物でのみ例外的に知られているが，ここでは割愛する．

5.1 錐体における色弁別

ヤング・ヘルムホルツの3原色説にあるように，我々は外界の色を赤，緑，青の3つの色（3原色）が混ざった色として見ている（図5.1）．なぜ3つの色に分解できるのだろうか．それは，我々の眼の中に，赤，緑，青をよく感じる視物質が存在するからである．図5.2にはヒトの3つの錐体視物質の吸収スペクトルを示した（比較のため，桿体視物質ロドプシンのスペクトルも点線表示されてい

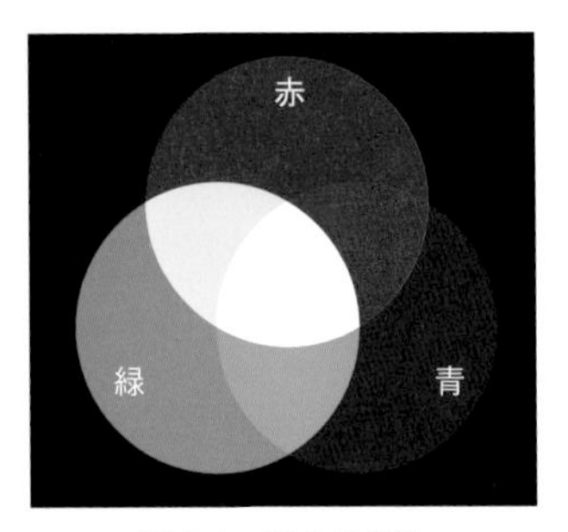

図5.1　光の3原色

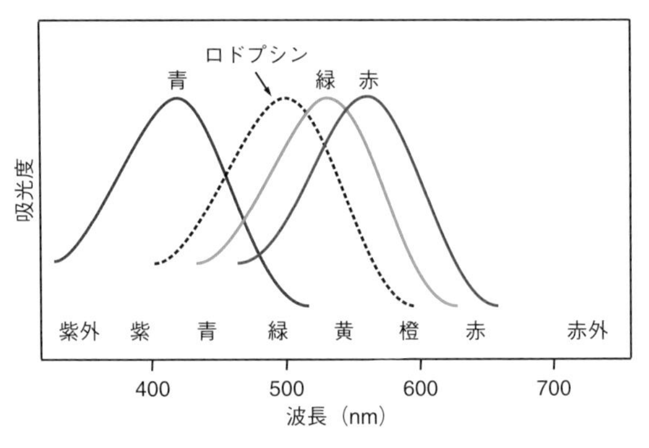

図5.2　ヒト視物質の吸収スペクトル

るが，ロドプシンは錐体とは別の細胞ネットワークで情報処理を行っている）．

色を見るためには3種類の視物質が必要である（図5.3）．それを説明するために，まず，1つの視物質しかない場合（a）から考えてみる．いま，波長の異なる2つの光（λ_1とλ_2）を考えると，1

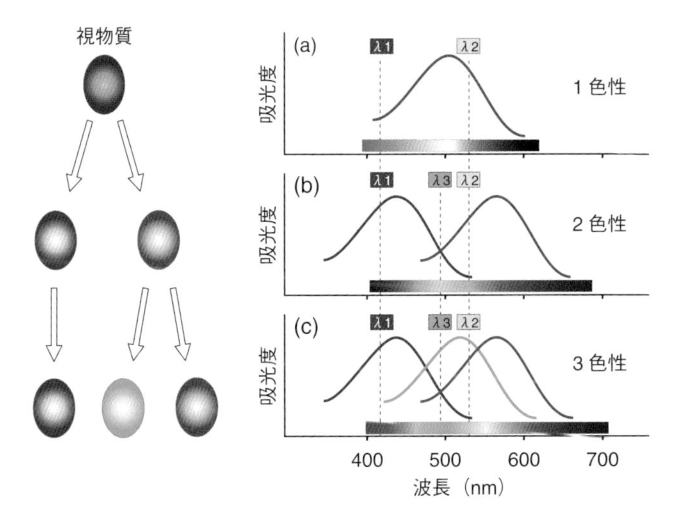

図 5.3 色識別のメカニズム

つの視物質でも，短波長の光（λ_1）と長波長の光（λ_2）では吸収する効率が違うので区別できるように思われる．しかし，長波長の光の強度が約半分になると，短波長側の光とこの波長の光は同じ強さで視物質に吸収されるために区別がつかなくなる．つまり，視物質が 1 つしかないと，光の強さの違いと色の違いが区別できなくなり，結果としてモノクロ（白黒）写真になってしまう．

2 種類の視物質がある場合を図 5.3(b) に示した．先ほどの短波長と長波長の光ではそれぞれの光が 2 つの視物質で異なる割合で吸収される．そのため，光の強さが変化しても，2 つの視物質が吸収する割合はそれぞれの波長の光で変わらないので，これらの波長の光は違う色として識別することができる．しかし，視物質が 2 つでは完全に色を識別できず，少し困ったことが起こる．それは，真ん中の波長の光（λ_3）で，この光は両方の視物質で同じ割合で吸収される．一方，我々が白色光と呼んでいるのはすべての波長の光が混ざったもので，それはこの2つの視物質が同じ割合で吸収する光のことである．したがって，2つの視物質しかないと，この波長付近の光は色としては区別できず，白色あるいは灰色に見えることになる．このような理由で，すべての光を白色光と区別して完全に識別するには，3つの視物質が必要になる（c）．

では，色を見ているすべての動物が3種類の錐体視物質を持っているかというと，そうではない．ヒトやサルなどの霊長類では3種類だが，例えばニワトリは図5.4のように4種類の色を見る視物質を持っており，ヒトよりも波長分解能の高い眼を持っていると想像される．なぜ動物によって色を見る視物質の数が異なるかというと，それは視物質の進化と関係する．

図5.5には，脊椎動物の錐体視物質のアミノ酸配列の一致度の違

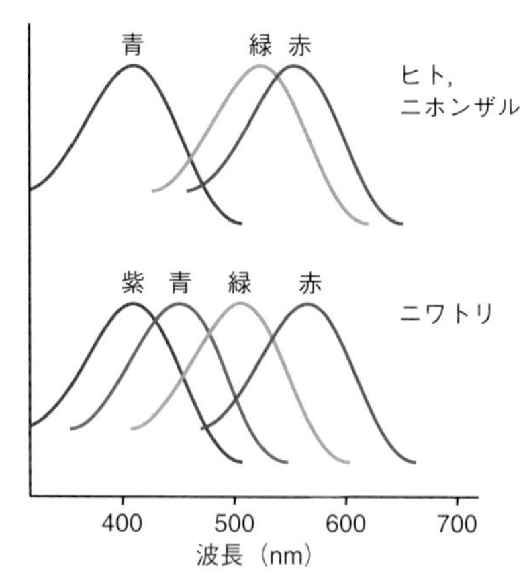

図5.4　ヒトとニワトリの視物質の種類の違い

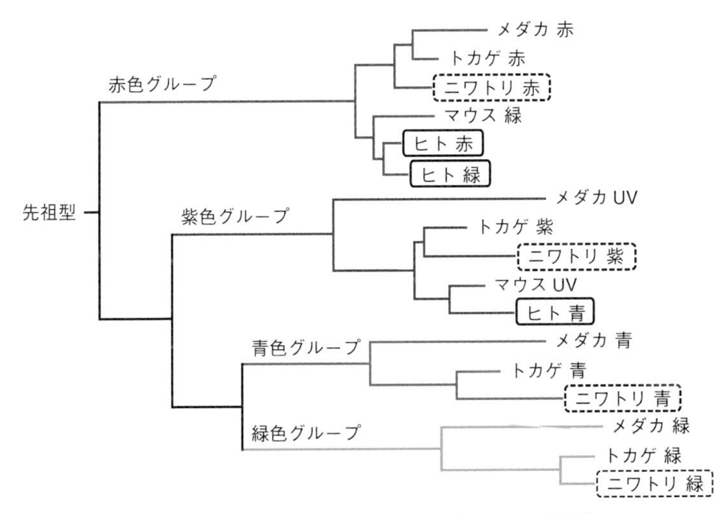

図 5.5　色をみる視物質（錐体視物質）の分子系統樹

いから作成した分子系統樹が示されている．この図から，脊椎動物の先祖型の視物質は，進化の過程で，まず赤を見る視物質とそれ以外の視物質に分かれ，その後，紫，青，緑と分かれてきたことがわかる．つまり，脊椎動物の先祖型の視物質は色を見る 4 つの錐体視物質に分岐したのである．ニワトリが 4 つの色を見る視物質を持っているのは，図のように，ニワトリが 4 つのグループに分岐した視物質をそれぞれ持っているからである．一方，ヒトの場合には赤色グループの中に 2 つと紫色グループの中に 1 つを持ち，合計 3 つの視物質を持っている．なぜ，ヒトはそれ以外のグループの視物質を持っていないのだろうか．そのヒントとなるのが，霊長類以外の哺乳類であり，それらの動物（マウスなど）では，赤色グループと紫色グループに 1 つずつ，合計 2 種類の錐体視物質しか持たない．

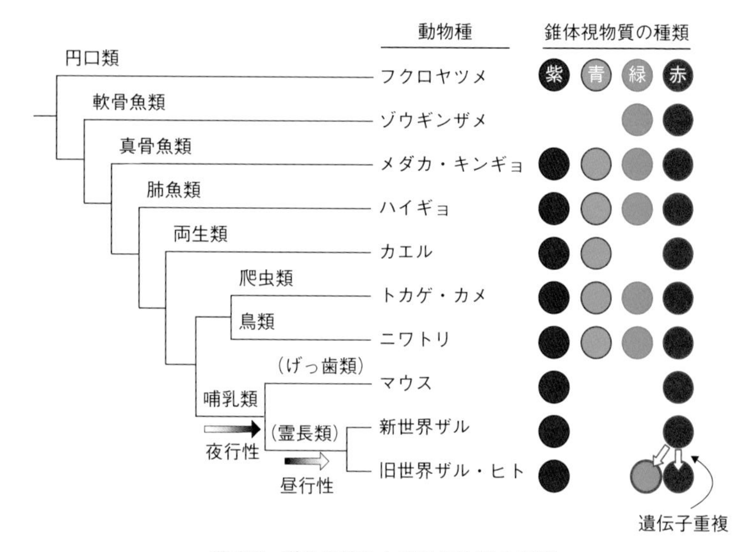

図5.6　動物の進化と錐体視物質の変遷

図5.6には，動物の進化と色を見る視物質（錐体視物質）の変遷を示した．最も古い時代に分岐したフクロヤツメ（円口類）をはじめ，メダカやキンギョ（真骨魚類），トカゲやカメ（爬虫類），ニワトリ（鳥類）は，色の異なる4種類の錐体視物質を持っている．ところが，ほとんどの哺乳類は2種類の錐体視物質しか持たない．哺乳類で錐体視物質が減った理由は，哺乳類の祖先が夜行性になったからだと考えられている．つまり，恐竜全盛の時代（ジュラ紀前後）に，哺乳類は夜行性になり生きながらえてきた．夜行性になると色を見るのに適した網膜よりも，より感度の高い網膜を持つほうが生存に有利であり，そのため，感度の高い視細胞（桿体）を多く含む網膜になったと考えられる．その後，恐竜が絶滅して哺乳類が

日中にも活動するようになると，霊長類では錐体視物質の遺伝子の1つを重複させて3色性の色覚を獲得した．

霊長類の中で，ニホンザルなどの旧世界ザルは3色性の色覚を持ち，マーモセットなどの新世界ザルは2色性の色覚を持っている．したがって，この遺伝子重複が起こったのは旧世界ザルと新世界ザルの分岐である約3500万年前以降と考えられる．錐体視物質の分岐は約5億年前から起こったとされるので，3500万年前というのは遺伝子の変遷の時間スケールではごく最近のことである．そのため，重複した遺伝子はまだ非常によく似たアミノ酸配列（塩基配列）を持っている．

また，重複した遺伝子は，X染色体上で連なって存在している（図5.7(a)）．そのため，生殖細胞で精子と卵子が形成されるときに起こる染色体の相同組み換えのときに，うまく分離せずに違った長さになって分離することが起こりやすくなる（(b)，(c)）．例えば，複製された赤視物質の遺伝子の後ろで交叉が起こると，片方の

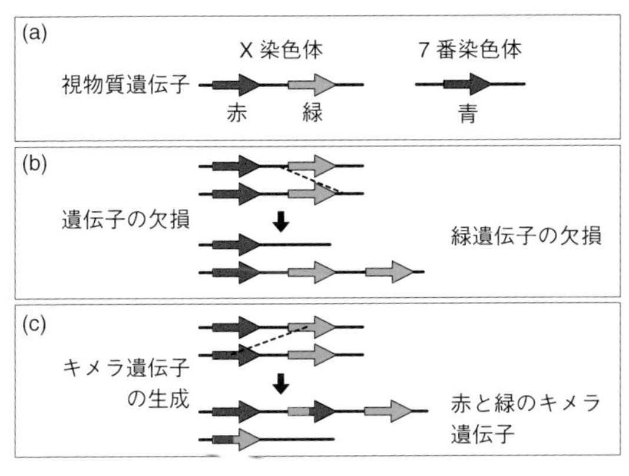

図5.7 ヒトの赤と緑の視物質遺伝子の不等相同組み換え

図5.8 (a) 正常色覚での見え方と (b) 緑視物質を欠損した場合の見え方

染色体には赤視物質の遺伝子のみが残り，もう一方には緑遺伝子が2つ含まれるようになる (b)．そうすると，赤遺伝子のみが含まれるX染色体を持ったヒトは，緑視物質を欠損するので，青視物質と赤視物質のみによる2色性の色覚を示す（図5.8)．また，遺伝子の途中で交叉が起こった場合には，赤と緑の遺伝子のキメラ遺伝子が生成し，この遺伝子から作られる視物質のスペクトルは赤視物質と緑視物質の中間的なものとなる．このキメラ遺伝子と赤遺伝子，あるいはキメラ遺伝子と緑遺伝子を持つヒトは，赤遺伝子と緑遺伝子を持つヒトとは少し異なる色覚を持つ（図5.7(c))．なお，X染色体上の視物質遺伝子の発現には特別な遺伝子制御のしくみがあり，先頭から1番目と2番目に位置する視物質遺伝子はどちらかが同じ割合で発現し，その後ろに位置する遺伝子は発現しない．赤と緑の視物質遺伝子はX染色体上にのみ存在し，X染色体は男性には1本，女性には2本ある．女性の場合，2本のX染色体のうち少なくとも1本に赤と緑の遺伝子が含まれていれば，「赤，緑，青」の3色性の色覚を示す．男性はX染色体が1本しかないため，これとは異なるタイプの色覚を示す割合が多く，日本人では約8%

の頻度で現れる．一方，赤遺伝子，緑遺伝子，キメラ遺伝子の3つを持つ女性の場合，青を含めて4色の視物質を発現することになり，4色性の色覚を持つ可能性も示唆されている．このようにヒトでは，ごく最近に遺伝子重複した赤と緑の遺伝子を同じ染色体上に持つため，色覚の多様性がみられる．

5.2　3原色説と反対色説

ヤング・ヘルムホルツの3原色説は，色の異なる3種類の錐体視細胞がヒトの網膜に含まれることにより確かめられた．一方，色覚のメカニズムの理論としては，ヘリングの反対色説も有名である．ヤング・ヘルムホルツの3原色が視細胞レベルで証明されたが，ヘリングの説からヒトの色覚の成り立ちが理解できる．

ヘリングの反対色説では，赤，黄，緑，青，および，白，黒を色知覚の基本と考えている．色に関しては最初の4つの色が基本なので，ヘリングの説は4原色説と呼ぶこともある．4つの色には特別な関係がある．つまり，我々が感じる色の中に「黄色みがかった緑と赤」（それぞれ，黄緑とオレンジ）や「青みがかった緑と赤」（それぞれ青緑と赤紫）は存在するが，「赤みがかった緑」や「緑がかった赤」は存在しない．同様に，「赤みがかった黄と青」（それぞれ，オレンジと赤紫）や「緑がかった黄と青」（それぞれ黄緑と青緑）は存在するが「黄色みがかった青」や「青みがかった黄色」というのは存在しない．つまり，色を感じるのに赤と緑，および，黄と青は混じり合うことができず拮抗する色である．そこで，赤と緑，また，黄と青を反対色と呼ぶ．同様に白と黒は対になって明るさを感じるために働いている．そこでヘリングは網膜に3種の対をなす視物質（白–黒物質，黄–青物質，および赤–緑物質）があると

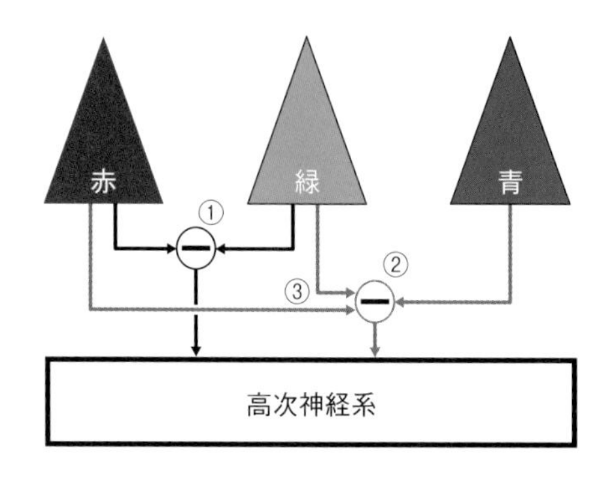

図5.9　ヒトにおける色弁別機構（反対色）
⊖は錐体視細胞からシグナルを受ける神経細胞を表し，左右からの入力シグナルを比較する．

仮定し，これらの光に対する生化学的な反応にもとづいて色覚が成立すると説明した．

現在の知識では「赤–緑物質」に相当するのは，赤感受性の錐体視細胞と緑感受性の錐体視細胞の情報を比較する神経細胞である，と考えるとうまく説明がつく（図5.9①）．一方，黄–青物質に関しては，青感受性の錐体はあるが，「黄感受性の錐体」は存在しないので，その実体が明らかではなかった．しかし，赤と緑の視物質が分子進化で生じたのはごく最近のことであり，X染色体上に並んでいる赤と緑の視物質遺伝子のどちらが視細胞に発現するかはランダムであることを考えると，以下のような説明が可能である．つまり，青感受性錐体から情報を受ける神経細胞は（図5.9②），赤あるいは緑感受性の錐体からの情報を区別できないために両方からの情報を受け取る（図5.9③）．その結果，赤と緑が重なった色である「黄」と青とをこの神経細胞が比較し，黄–青の反対色を生じるのである．このように，視物質の分子進化や発現メカニズムを考慮すると，ヘリングの 4 原色説の物質的な実体が見えてくる．ヒトの色感覚は，一度 2 色性になった哺乳類から進化しており，鳥類などの色感覚とは反対色という観点からも少し成り立ちが異なる．ここにも進化による多様性が実現している．

第6章

網膜での視覚情報処理

眼に入ってきた光情報は，網膜の最奥に広がる視細胞層で受容され，その情報が網膜内の神経ネットワークを経由してさまざまな脳領域に送られる．脊椎動物の網膜が5種類の神経細胞から構成されるという基本構造（図2.2）は，約5億年前の祖先型脊椎動物のころに確立された．そして，その後の進化の過程で，それぞれの動物の視覚生態学的なライフスタイルに合わせて，5種類の神経細胞それぞれが多くのタイプに多様化している．光情報は基本的には視細胞から双極細胞を経て神経節細胞に流れ，脳に送られる．したがって，視細胞で受容された光情報は，水平細胞による修飾を受けつつ双極細胞の数だけの特徴に分類され，それらがアマクリン細胞による修飾を受けつつより多くの神経節細胞の特徴に分類されて脳に送られることになる．つまり，それぞれの動物において神経細胞のタイプの数が多いほど，光情報のさまざまな特徴が網膜の神経ネットワークで抽出されることになる．もちろん，各動物の脳がその情報をどのように処理するのかも重要であり，特に霊長類の場合には，網膜よりも脳での特徴抽出が多くなっている．

初期の研究では主に形態観察と電気生理学的な機能解析が行われていたが，2000年代に入って遺伝子操作やイメージングの技術がこの分野に導入され，革新がもたらされた．その結果，神経細胞の各タイプを蛍光標識できることから，従来の研究での困難さが解消されるようになってきた．例えば，電気生理学では繰り返し実験をしても希少なタイプの細胞になかなか遭遇しないという困難があったが，細胞タイプごとに蛍光標識することにより，さまざまなタイプの細胞に容易にアクセスできるようになった．これにより，ある応答がどのタイプの神経細胞から得られたかの理解が進むとともに，研究者の間で情報共有が容易になった．一方，それまでの研究で捉えられていたよりも多くの神経細胞タイプが存在することがわかり，新規の細胞タイプの生理的意義などが研究対象になっている．ここでは，光情報処理を解析するための基本となる受容野について説明し，研究が進んでいるマウス網膜での情報伝達メカニズムについて，他の動物での結果も含めながら説明する．

6.1 受容野

光情報伝達に関与する神経細胞やネットワークの特性を明らかにするには，それぞれの神経細胞が光刺激にどのように応答するかを調べることが基本となる．その際に神経細胞の光応答特性を表す指標となるのが受容野という概念である．受容野とは「神経細胞の活動に影響を与える受容面の広がり」と定義される．ここでは，網膜における視細胞–双極細胞–神経節細胞のつながり（図6.1）を例に受容野の説明を始めることにする．なお，後述するように，視細胞と双極細胞のシナプス結合に関しては，双極細胞の種類によって，視細胞の電位応答（過分極か脱分極）と同じ向き（同極性）に変化する場合と逆向き（逆極性）に変化する場合がある．双極細胞と神経節細胞でも同様である．ここでは，簡単のために，視細胞–双極細胞–神経節細胞のシナプス結合はすべて同極性に応答する場合を考える．

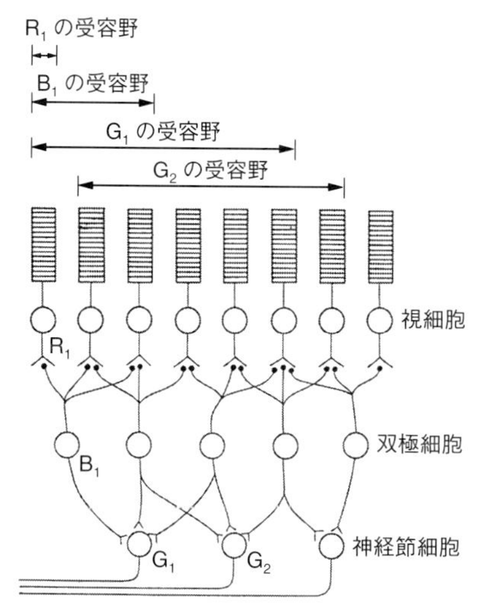

図 6.1 受容野の概念を示す模式図
文献 [39] より改変.

視細胞は，外節に含まれる視物質が光を受容することによって応答する．光は図の下から外節の長軸方向に入射するので，それぞれの視細胞の受容野は，外節の断面積になる（R_1 の受容野）．次に双極細胞は，それ自身に光が当たっても応答しないが，光受容した視細胞とシナプス結合していると応答する．図 6.1 ではそれぞれの双極細胞は 3 個の視細胞とシナプス結合しているので，双極細胞の受容野は 3 個の視細胞の受容野を足し合わせた大きさになる（B_1 の受容野）．さらに，これらの双極細胞は神経節細胞とシナプス結合している．したがって，視細胞が光応答すると，それとシナプス結合する双極細胞が応答し，さらにそれらの双極細胞につながる神経節細胞も応答する．そのため，G_1 と表示された神経節細胞には，図の左側の6個の視細胞の光情報が入力するので，これらの視細胞の受容野が合わさったものが，G_1 の受容野になる．同様に，神経節細胞 G_2 の場合は，中央の6個の視細胞の受容野の合計になる．実際の網膜では視細胞，双極細胞，神経節細胞は，各層内で2次元的に配列しているため，その受容野は円形になる．双極細胞のものは視細胞よりも大きな円形になり，また，神経節細胞のものはさらに大きな円形になる．

網膜には視細胞・双極細胞・神経節細胞のほかに，横方向のシグナル制御を担う水平細胞とアマクリン細胞が存在する．水平細胞は視細胞から双極細胞への情報の流れを調節し，アマクリン細胞は双極細胞から神経節細胞への情報の流れを調節する．ここでは，水平

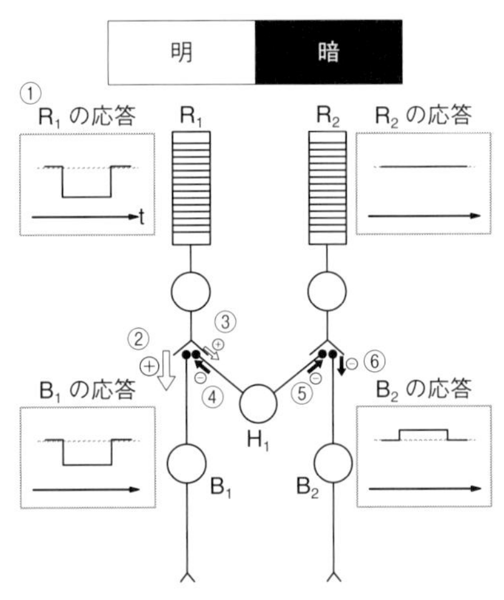

図 6.2　水平細胞による視細胞–双極細胞間のシグナル制御
ここでは簡単のため，視細胞–双極細胞のシナプス結合は順方向のみの場合を考える．視細胞からのシグナルの大きさを白矢印で示し，水平細胞の抑制シグナルの大きさを黒矢印で示した．

細胞が存在する場合の双極細胞の受容野の変化を説明する．

図 6.2 の例では，2 つの視細胞（R_1 と R_2）がそれぞれ 1 つの双極細胞（B_1 と B_2）につながっており，どちらの視細胞も同一の水平細胞（H_1）とつながっている．視細胞は順方向性のシナプスで双極細胞と結合しているが，視細胞と水平細胞は双方向性のシナプスで結合しており，水平細胞は視細胞から受けたシグナルを逆極性にして視細胞に送る．例えば図 6.2 の視細胞 R_1 が光応答すると（①），その下の双極細胞 B_1 は視細胞 R_1 と同極性で応答する（②）．一方，水平細胞 H_1 は視細胞 R_1 からのシグナルを受け取ると（③），視細胞 R_1 に逆極性のシグナルを送るだけでなく（④），もう一つの視細胞 R_2 にも同様に逆極性のシグナルを送る（⑤）．光を受けていない視細胞 R_2 は水平細胞 H_1 から逆極性のシグナルを受け取ると，そのシグナルをそのまま双極細胞 B_2 に送る（⑥）．そのため，左側の視細胞 R_1 が光応答すると，左側の双極細胞 B_1 は視細胞と同様の方向に応答し，右側の双極細胞 B_2 は逆向きに応答することになる．図 6.2 に示された双極細胞は 2 つの視細胞とつながっているため，受容野は 2 つの視細胞の受容野の足し合わせとなる．その結果，それぞれの双極細胞は真上の視細胞が光を受容して応答すると同極性に応答し，横の視細胞が応答すると逆極性に応答する．双極細胞の細胞体のある位置を中心と呼び，その周りを周辺と呼ぶと，これらの双極細胞は中心–周辺で拮抗的な応答特性を示す受容野を持つことになる．なお，これを，双極細胞は中心–周辺で拮抗的な受容野を持つともいう．

視細胞と水平細胞が双方向性のシナプス結合をしていることから，興味深い応答の仕方が生じる．図 6.3(a) は図 6.2 で示したシステムが横方向に複数並んだ場合を示している．いま，このシステムに左と右で明暗差を持つ光が照射されたとする．明るい光が照射

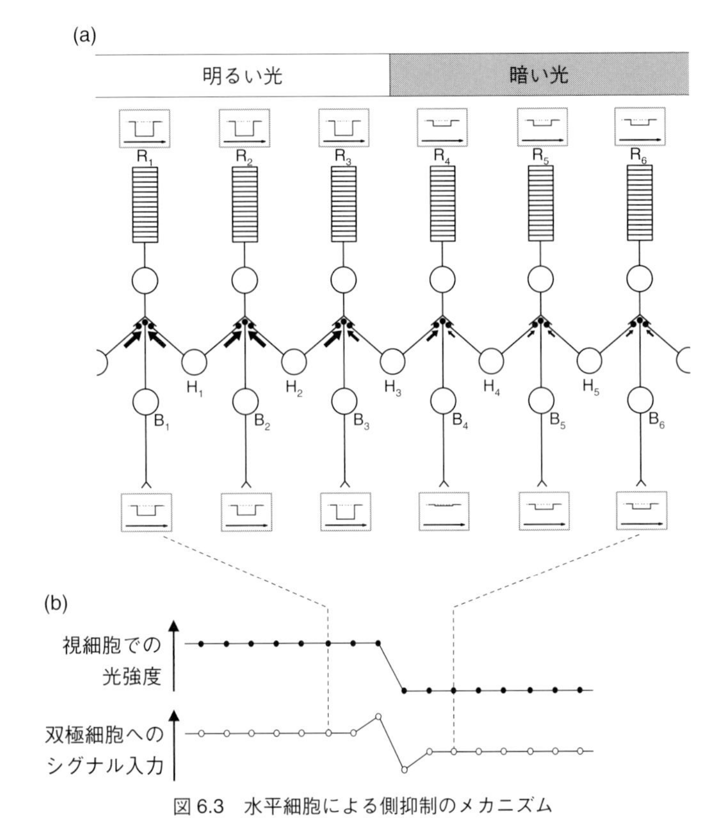

図 6.3　水平細胞による側抑制のメカニズム

(a) 水平細胞による視細胞−双極細胞間のシグナル制御．図 6.2 と同じシステムが横方向に多数並んだ場合を想定する．(b) それぞれの視細胞での光強度（黒丸）と双極細胞へのシグナル入力（白丸）を模式的に示した．

された部位の視細胞（R_1 ～R_3）は大きな応答を出すが，これらに結合している水平細胞（H_1 と H_2）も両方の視細胞から大きなシグナルを受けるために，それに対応した大きな抑制シグナルを視細胞に送る．したがって，視細胞 R_1 と R_2 は両側の水平細胞から大きな抑制シグナルを受けるために，自身の光応答よりも小さな応答を双極細胞 B_1 と B_2 に送る．また，薄暗い光が照射された部位の視細胞（R_4 ～R_6）は小さな応答を示し，これらに結合している水平細胞（H_4 と H_5）からの抑制シグナルも小さい．一方，明るさの境界に位置する視細胞（R_3 と R_4）は少し異なる大きさの応答を双極細胞に送る．光の境界に位置する水平細胞 H_3 は，明るい光を受ける視細胞 R_3 からは大きなシグナルを受けるが，暗い光を受ける視細胞 R_4 からは小さなシグナルを受ける．その結果，この水平細胞 H_3 が視細胞に送る抑制シグナルの大きさは，明るい所と暗い所に位置する水平細胞からのシグナルの中間の大きさになる．その結果，明るい部位の端に位置する視細胞 R_3 は左の水平細胞からは大きな抑制シグナルを受けるが右の水平細胞からは中ぐらいの抑制シグナルを受けることになる．そのため，明るい部位の中央にいる視細胞（R_1 と R_2）に比べてより大きなシグナルを双極細胞 B_3 に送る．一方，暗い部位の端に位置する視細胞 R_4 はその逆になり，暗い部位の中央に位置する視細胞（R_5 と R_6）よりもさらに小さなシグナルを双極細胞 B_4 に送る．その結果，シグナルの大きさは光強度の境界をはさんでよりシャープになる（図 6.3(b)）．このように，視細胞からシグナルを受け取り，それに応じて抑制シグナルを出す水平細胞の機能を側抑制（そくよくせい）と呼び，境界線を際立たせる効果がある．

コラム6

方位選択性を示す神経細胞の受容野

これまでの研究から，網膜に含まれる神経細胞の多くは円形の受容野を持つことがわかっている．一方，霊長類などの脳（一次視覚野）では，円形ではなく特徴的な形の受容野を持つ神経細胞が存在する．右図には方位選択性を示す神経細胞の受容野が形成される模式図を示した．いま，網膜上に直線の光（線分の光）が照射された場合を考える．直線のそれぞれの点の光は視細胞によって受容され，水平細胞によって抑制シグナルを受けながら双極細胞から神経節細胞に送られる．神経節細胞ではその点からのシグナルは＋となり，その周辺からのシグナルは－となる中心–周辺拮抗的な受容野が形成される（図(a)①）．神経節細胞からのシグナルは外側膝状体（②）を経由して一次視覚野（③）に送られるが，一次視覚野には複数の神経節細胞からのシグナルを統合する神経細胞が存在する．その中に，網膜上の一定方向に並んだ神経節細胞群（図の G_1 ～G_4）に由来するシグナルを，外側膝状体の神経細胞群（L_1 ～L_4）を経由して受容し，統合する神経細胞もある．この細胞での受容野はそれぞれの神経節細胞の受容野を重ね合わせた形になる（④）．この受容野はある方向の直線状（線分）の光に対しては大きく応答するが（図(b)⑤），別の角度の線分の光に対してはシグナルをほとんど出さない（⑥，⑦）．同様に，別の角度の線分に対しては，その方向に並んだ神経節細胞群からのシグナルを統合する神経細胞によって識別される．以上のように，脳の一次視覚野には網膜上のいろいろな角度の線分に対応する受容野を持つ神経細胞が存在する．より高次の脳領域では，一次視覚野の神経細胞の受容野を統合して，ある角度に曲がった線分に対応する受容野を持つ細胞が存在し，さらに高次になると，三角形や四角形といった図形を識別する受容野を持つ細胞や，より複雑な構造を持つ図形（例えば星型，縞模様，ヒトの顔のパターンなど）に応答する細胞が存在することが，実験的に確かめられている．以上のように，網膜から脳に向かっての画像処理の流れは神経細胞の受容野の変化として理解することができる．なお，ここでは画像処理についての受容野の変化を説明したが，例えば物体の色や動きといった処理についても，受容野の変化で解析することができる．

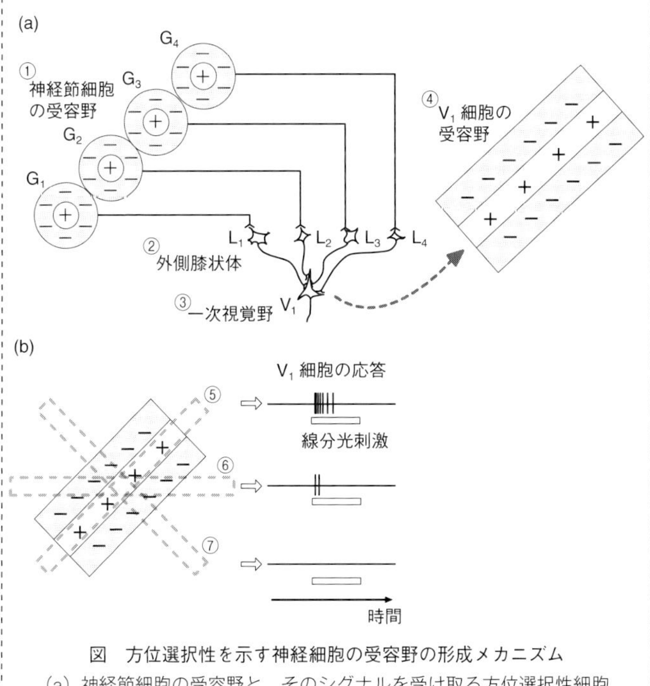

図　方位選択性を示す神経細胞の受容野の形成メカニズム

(a) 神経節細胞の受容野と，そのシグナルを受け取る方位選択性細胞の受容野．文献［40］より改変．(b) 線分の光刺激の方向と方位選択性細胞の応答の比較．文献［41］より改変．

6.2　網膜神経細胞の応答特性とそのメカニズム

すでに述べたように，網膜には5種類の神経細胞が含まれるが，それぞれの神経細胞はさらにいくつかのタイプに分けることができる．ここでは，研究の進んでいるマウスの網膜を例にして，主に哺乳類での網膜における神経細胞の特性などについて説明する．マウスの網膜には3つのタイプの視細胞（1つの桿体と色の異なる2つの錐体）が存在する．水平細胞は単一タイプしかないが，双極細胞には15のタイプが存在する．神経節細胞は30以上のタイプが報告されており，アマクリン細胞には60以上のタイプが存在すると考えられている．したがって，視細胞で受容された光情報は，水平細胞の修飾も受けながら双極細胞により15の特性に分類され，それらがアマクリン細胞の修飾を受けながら神経節細胞で30を超える特性になり，脳に送られると考えられる．なお，網膜に存在する神経細胞のタイプの数は動物種により異なっており，例えば，霊長類では約20タイプの神経節細胞が報告されている．以下では視細胞から神経節細胞までの各神経細胞で光情報がどのように処理されているかを説明する．

6.2.1　視 細 胞

網膜内での情報処理は，網膜上に一定の間隔で1枚のシートのように敷き詰められた視細胞が光を受容するところから始まる．視細胞の種類やそれらの光応答の仕方，また，その細胞内情報伝達過程についてはこれまでの章ですでに詳述した．網膜内での情報処理において興味深いのは，桿体は進化の過程で錐体よりもあとに作られたために，すでに構築されていた錐体の神経ネットワークに寄生する形で光情報を脳に送るシステムが形成されていることである．つまり，桿体はあるタイプの双極細胞（ON 型双極細胞）とシナプス結合をし，この双極細胞はアマクリン細胞を経由して錐体の情報を受け取る神経節細胞に情報を送る（後述）．実際，星あかり（桿体による暗所視）や太陽光（錐体による明所視）の両方に応答する神経節細胞の存在が，電気生理学的な研究により発見されている．このように，桿体系は独自の神経節細胞を持たない．そのため，網膜に含まれる神経節細胞の数は，錐体の数に影響されることになる．神経節細胞の数は鳥類のカラスで 360 万個，カモで 250 万個だが，哺乳類のネコでは 16 万個，ウサギでは 38 万個と報告されている．哺乳類は夜行性になるとともに網膜内の桿体の比率を上げたが，神経節細胞の数が少ないのはこの理由による．第 3 章で述べたように，先祖型の脊椎動物は錐体を作って明るい環境で生活していたが，薄暗がりでも生活できるように光情報伝達を制御する機能分子を作って錐体の感度を上げたと想像される．さらに，より暗い環境で生活できるように高感度のロドプシンを新たに作ることにより，単一光子応答が可能な視細胞として桿体を作り出した．一方，その働きを脳に送るのには，すでに構築していた神経ネットワークを活用したということができる．なお，サルやヒトの神経節細胞の数は 100 万個程度と報告されているが，このうち約 25% が中心窩に存在する神経節細胞であり，中心窩での情報処理の精細さを示している．中心窩からの光情報伝達については第 7 章で説明する．

6.2.2　水平細胞

哺乳類の大多数は 2 つのタイプの水平細胞を持っており，両方とも桿体または錐体に抑制性シグナルを送る．マウスなどげっ歯類の中には，単一タイプの水平細胞しか持たないものがいる．逆に 3 つのタイプの水平細胞を持つ動物もいる．水平細胞の機能の一つは視細胞に抑制性シグナルを送ることにより，双極細胞に中心–周辺拮抗型の受容野を形成することである（6.1節参照）．また，同じタイプの水平細胞の間にはギャップ結合があり，網膜の二次元平面上の一定領域に含まれる水平細胞はタイプごとに電気的に結合している．そのため，それぞれの水平細胞が受け取った視細胞からの光の強度が平均化され，その領域の視細胞に同じ強度の抑制性シグナルを送る．つまり，網膜の各領域の明るさに応じて，その領域に存在する視細胞の応答の大きさを調節することになる．夏空の下で木陰にいる人物を見るときなど，外界から網膜に入射する光のダイナミックレンジは非常に大きく，神経細胞のダイナミックレンジを上回ることが多い．このような画像をカメラで撮る際にも経験するが，白飛びや黒つぶれを最小にするように，水平細胞が機能していると考えられる．

視細胞から放出される神経伝達物質は興奮性のグルタミン酸であり，水平細胞にはAMPA/Kainate型のグルタミン酸受容体チャネル（GluR）が存在する．視細胞が光を受容していない状態（暗黒中）では，視細胞は脱分極しており，シナプス末端からグルタミン酸が放出されている．水平細胞ではこのグルタミン酸によりGluRが開き，脱分極している．光の受容によって視細胞からのグルタミン酸の放出が減少すると，GluRが閉じることにより水平細胞は過分極する．つまり，視細胞は光を受容すると過分極応答し，水平細胞も同様に過分極応答をする．一方，水平細胞の樹状突起は視細胞のシナプス末端に接触し，水平細胞自身の電位に応じて抑制性のシグナルを送る．暗黒中の視細胞では，脱分極した水平細胞から抑制性シグナルを受け，脱分極が少し抑制される．光を受容したときには逆に，水平細胞からの抑制性シグナルが少なくなり，視細胞の過分極が少し抑制される．この抑制性シグナルは当初，水平細胞から放出される神経伝達物質 GABA の直接的な作用と考えられていたが，最近の研究では，GABA の効果は間接的であり，プロトンや電気的な影響を介することが示唆されている．

6.2.3　双極細胞

視細胞からの情報は双極細胞を経て神経節細胞に伝えられる．当初は 4 つのタイプの双極細胞が電気生理学的手法により同定されていた．いずれも，水平細胞の修飾を受けた視細胞シグナルを受ける「中心–周辺拮抗型」で，中心が ON 型と OFF 型の 2 種類あり，さらにそれぞれについて（視細胞への）光刺激が続いているあいだ応答する「持続型」と，光刺激が始まったときに応答してすぐに元の状態に戻る「過渡型」とがあり，合計 4 つのタイプに分類された．その後，多様な性質を持つ双極細胞の同定が進み，現在では 15 のタイプの双極細胞があることがわかってきた．当初発見されていた双極細胞は，水平細胞の修飾を受けた視細胞の情報をそのまま伝える「介在ニューロン」としての特徴が前面に出ていたが，その後に多様なタイプの双極細胞が発見され，双極細胞の生理的意義がさらに拡張されて考えられるようになった．つまり双極細胞は，視細胞が受容した光情報の異なる特徴を抽出し，それを神経節細胞に伝える細胞である，と考えられるようになった．

それぞれのタイプの双極細胞が異なる応答特性を示すのは，発現する受容体，イオンチャネル，細胞内シグナル伝達分子の組み合わせがタイプごとに異なることに由来する．図 6.4 には，中心–周辺拮抗型の双極細胞（ON 型および OFF 型）が，視細胞からのシグナルにどのように応答するかを示した．OFF 型の双極細胞は水平細胞と同様，グルタミン酸によって開状態になる AMPA/Kainate 型の受容体チャネル（GluR）をシナプス部位に発現する．そのため，

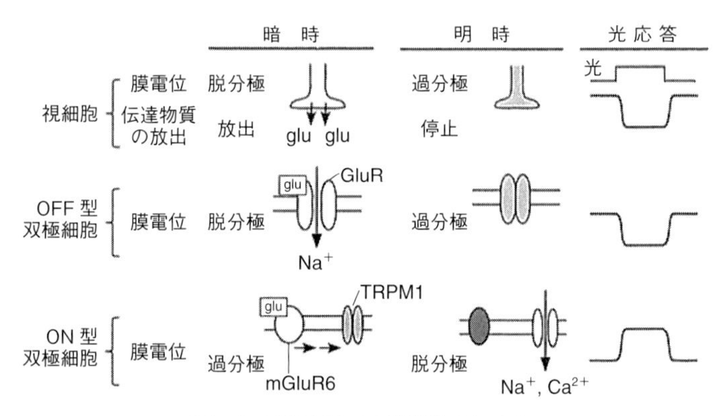

図6.4　双極細胞の応答発生のしくみ

OFF型双極細胞の前シナプスにはAMPA/Kainate型のGluRが存在し，グルタミン酸によって開状態にする．一方，ON型双極細胞の前シナプスにはmGluR6が存在し，グルタミン酸によって活性化すると，TRPM1チャネルを閉状態にする．文献［42］より改変．

視細胞が光を受容して過分極すると放出されるグルタミン酸が減少するので，チャネルが閉じ，双極細胞は過分極する．一方，ON型の双極細胞にはGタンパク質共役型受容体（GPCR）の一種である代謝型グルタミン酸受容体タイプ6（mGluR6）が発現する．暗時には，脱分極している視細胞からグルタミン酸が放出されてmGluR6に結合すると，細胞内シグナル伝達系が働き，最終的にカチオンチャネルTRPM1が閉じて過分極する．視細胞が光を受容して過分極すると，ON型の双極細胞は逆に脱分極する．双極細胞は応答の持続性の違いから「持続型」と「過渡型」としても細分化されるが，その違いは視細胞からグルタミン酸を受け取る受容体の違い，発現するイオンチャネルの種類，軸索終末部への抑制性シグナルの違いなどに由来する．

図 6.5 にマウス網膜で同定された 13 タイプの双極細胞の形と特性を模式的に示した．興味深いのは，双極細胞が神経節細胞とシナプス結合する内網状層は 5 つの層に細分化され（Layer 1 ～ 5），これらの中のどの層に軸索の終末部を伸ばしているかによって双極細胞を分類できることである（図 6.5(b)）．また，樹状突起の形や数，どのタイプの視細胞とシナプスを作るかなどでさらに細かく分類される．図 6.5(b) にはそれぞれのタイプの双極細胞が ON 型か OFF 型か，どの視細胞とシナプスを作っているか，また，応答が過渡型か，活動電位を発生するか，などの特性の違いも示した．双極細胞の分類にはさらに，特異性の高いマーカータンパク質（細胞種を特徴づけるタンパク質）の発現の違いも使われることも多い．なお，多くのタイプの双極細胞は錐体からシグナルを受けるが，桿体のみから情報を受けるタイプ（桿体双極細胞：RBC）や，錐体と桿体の両方からシグナルを受けるタイプ（3a，3b，4）があることが知られている．

すでに述べたように，視細胞は網膜上に一定の間隔で 1 枚のシートのように敷き詰められている．一方，各タイプの双極細胞は同じタイプの双極細胞と網膜中で等間隔に配置しており，それらの樹状突起が重ならないように隙間を埋めている．そのため，いずれの錐体もほとんどの双極細胞タイプとシナプス結合を作ることができる．この配置は「タイル化」と呼ばれている．以上のことから，錐体が受け取った光情報の異なる特徴が，それぞれの双極細胞タイプに受け渡されていると考えられる．例外は，マウスが持つ 2 種類の錐体のうち，短波長の吸収極大を持つ錐体（マウスでは UV 感受性の錐体）のみとシナプス結合をする双極細胞である（図 6.5 のタイプ 9 の細胞）．この双極細胞は色情報を選択的に伝達するため，周辺の，長波長側に吸収極大を持つ錐体（マウスでは緑感受性の錐

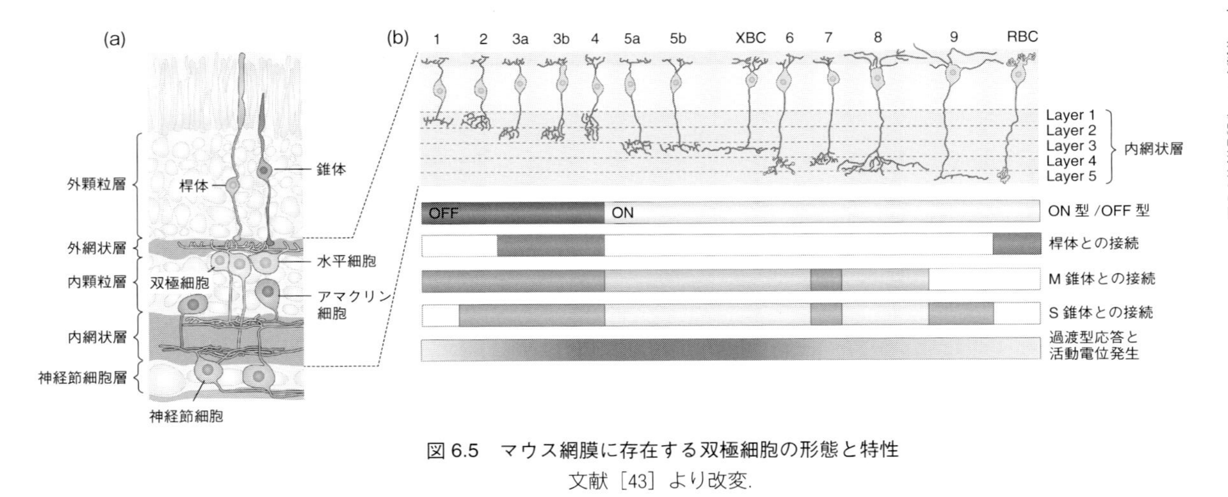

図 6.5　マウス網膜に存在する双極細胞の形態と特性
文献［43］より改変.

体）とはシナプス結合をしないことが知られている．

6.2.4　アマクリン細胞

アマクリン細胞は網膜の内網状層において双極細胞や神経節細胞にシナプス結合し，これらの細胞の応答特性を制御する．その結果，双極細胞が受け取った光情報の 15 個の特徴（双極細胞のタイプ数）が，神経節細胞においてさらに 30 個以上（神経節細胞のタイプ数）に拡張されたのち，脳へと送られる．アマクリン細胞は軸索を持たず，かつ双極細胞のようなクリアな極性を持たないことから，アマクリン細胞がどの細胞からインプットを受け，またどの細胞にアウトプットするのかを同定するのが難しい．さらに，複数の細胞とシナプス結合する特徴を持つため，どのような機能を果たしているのかを解析するのが難しい．そのため，どれだけのタイプのアマクリン細胞が存在するのかは現在でも確定していないが，双極細胞と神経節細胞のタイプ数の違いなどから，60 タイプ以上のアマクリン細胞があると推定されている．一方，特徴的な構造やシナプス結合を持つもの，あるいは遺伝学的に追跡することができるものについては機能解析されている．

アマクリン細胞の中でもよく研究が進んでいるのが A17 アマクリン細胞と AII アマクリン細胞であり，いずれも桿体シグナルの神経回路を構成する（図 6.6）．この経路においては，ON 型の双極細胞の一つである桿体双極細胞（RBC）が桿体とシナプス結合する（①）．A17 アマクリン細胞は広い樹状突起を持つ細胞であり，多くの桿体双極細胞の出力側とシナプス結合する（②）．この結合によって A17 アマクリン細胞は，桿体双極細胞へ抑制性のフィードバックシグナルを送り，桿体双極細胞のシグナル強度を調節して情報伝達の忠実度を向上させる．一方，桿体双極細胞のシグナルは

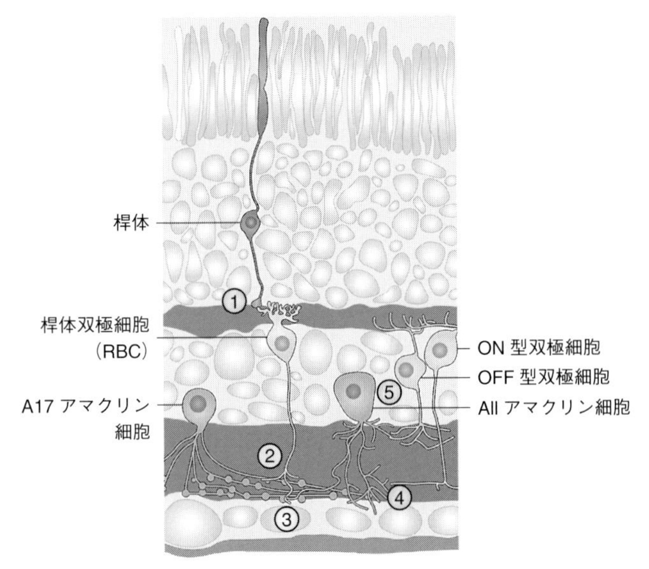

図 6.6　マウス網膜における桿体シグナルの神経回路
文献［43］より改変.

AII アマクリン細胞に送られる（③）．AII アマクリン細胞は桿体双極細胞から受けたシグナルを，ギャップ結合した ON 型の錐体双極細胞へ同極性で送る（④）．また AII アマクリン細胞は OFF 型の錐体双極細胞と，抑制性の神経伝達物質グリシンを放出するシナプス（抑制性シナプス）により結合しており，受けたシグナルを逆極性で送る（⑤）．このように，桿体からのシグナルはアマクリン細胞を経由して錐体双極細胞へ，さらには錐体神経節細胞へ送られ，脳へと伝達される．桿体と錐体は光感度が異なるために，暗い環境では桿体のみが機能し，明るい環境では桿体は飽和して機能せず，錐体だけ機能する．そのため，暗い環境では錐体神経節細胞は桿体専用として機能することになる．

もう一つの例は，スターバーストアマクリン細胞（SAC）である（図 6.7(a)）．網膜は動く視覚刺激に応答し，その方向には選択性があることが知られているが，SAC はそのような方向選択性に必須の細胞である．SAC は樹状突起を網膜水平面方向へ放射状に伸ばしているが（図 6.7(a)），その樹状突起部分は機能的に独立な 4 つの扇状の領域（セクター）に分けられる．それぞれのセクターは，内側（細胞体側）から外側へ動く光に対して応答し，それ以外の向きの光には応答しない．SAC 同士は網膜水平面上で屋根瓦のように重なり合いながら分布し，方向選択性の神経節細胞（DSGC，6.2.5 項参照）とシナプス結合して抑制性のシグナルを送る（図 6.7(b)）．DSGC には 4 方向のいずれかに応答する，4 つのタイプがある．1 つの DSGC は，複数の SAC の同じ向きのセクターから情報

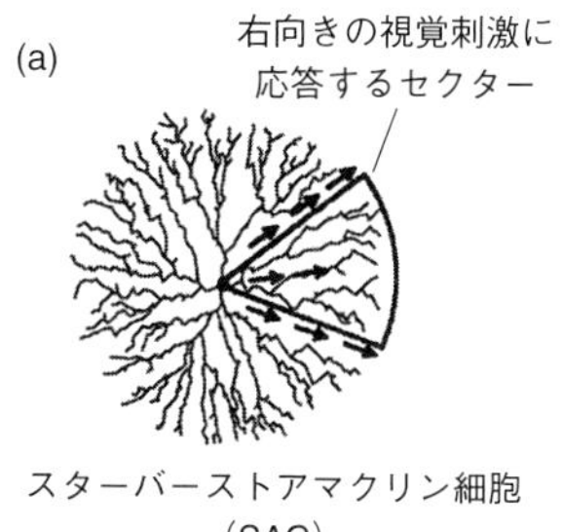

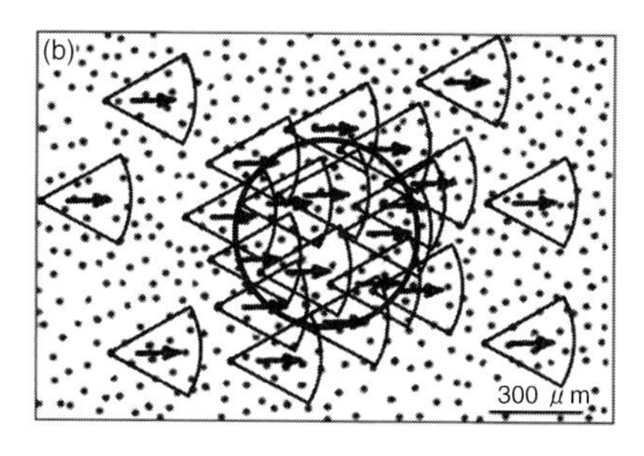

図 6.7　スターバーストアマクリン細胞（SAC）と方向選択性のメカニズム
(a) SAC の樹状突起は右向き，左向き，上向き，下向きの扇状の 4 つの機能的単位（セクター）からなる．右向きの視覚刺激に応答するセクターを扇型で囲った．各セクターは細胞体側から外側へと動く視覚刺激（矢印）に応答する．(b) 右向きの SAC セクターの網膜水平面上での分布．これらの SAC セクター（扇型）は，ある一つの方向選択性神経節細胞（DSGC）の樹状突起（円の範囲）とシナプス結合する．文献 [44] より改変．

を受け取り，それによりDSGCにおいて方向選択性の受容野が形成される（図6.7(b)）.

6.2.5　神経節細胞

神経節細胞は内網状層に樹状突起を伸ばして情報を受け，活動電位を発生し，軸索を通じて脳へ光情報を送る．すでに述べたように，視細胞によって得られた外界からの光情報は，水平細胞の修飾を受けて15タイプの双極細胞で特徴抽出が行われ，そのあとにアマクリン細胞の修飾を受けて30タイプ以上の神経節細胞に送られる．つまり，得られた光情報の30個以上の特徴が脳に送られることになる．光情報のどのような特徴が抽出されるかは網膜での神経細胞の特性とネットワークに依存し，動物によって特徴抽出の仕方は異なる．分子遺伝学的手法が最も進んでいるマウスの神経節細胞については，30タイプ以上の神経節細胞のうち半分以上について，それらの特性を正確に説明することが可能になってきた．ここでは，どのような特性を持つ神経節細胞が存在するのか，その例をいくつか紹介する．また，それらの神経節細胞が投射している脳領域の機能についても説明する．

神経節細胞のうち，機能特性が明確に同定されているタイプの多くは，物体（視覚対象）の動きに反応する．図6.8には各タイプの神経節細胞が，物体のどのような動きに，どのように反応するかを示した．図6.8(a)はON–OFF方向選択性神経節細胞（ON–OFF DSGC）とON方向選択性神経節細胞（ON DSGC）の応答特性が示されている．いずれのDSGCも一定方向へ動く黒いバーに応答するが，応答様式が異なる．ON–OFF DSGCは，一定方向へ動く黒いバーが受容野に入ってきたときに応答（神経インパルスを発生）し，そのバーが受容野から出ていくときにまた応答する（ON–OFF

応答）．一方，ON DSGC は黒いバーが入ってきたときには応答しないが，出ていくときだけに応答する．また，これら 2 つのタイプとは異なる方向選択性の神経節細胞として J–RGC が同定されている．J–RGC の樹状突起は非対称に分布しており，受容野の OFF 中心の周りに非対称な ON 周辺を持つ．J–RGC は OFF 方向選択性を示すので，この細胞を OFF–DSGC と呼ぶこともある．

図 6.8(b) には，受容野の中心での小さな物体の動き（local object motion）に応答する神経節細胞タイプの例が示されている．このタイプの神経節細胞は，受容野の中心にある物体（この場合は丸で囲った縞模様の部分）だけが動く場合には応答するが（(b) 左），受容野全体に広がる物体（この場合は縞模様全体）が同期して動く場合には応答しない（(b) 中央）．一方，同じように動いていても，中心部の動きが周りの動きと同期していないときには応答する（(b) 右）．このタイプは，ウサギの眼の神経節細胞の 15% を占め（マウスでは視野の中心付近で 13% 程度），空中（青空）に捕食者（タカなど）が旋回している場合などの識別に利用されるといわれている．図 6.8(c) は一過性 OFF 型 αRGC の応答であり，このタイプの神経節細胞は受容野の中で物体が大きく広がる場合に応答し，逆に小さくなる場合には応答しない．この細胞は霊長類でのパラソル神経節細胞に相当する（7.1 節参照）．

これらのタイプの神経節細胞は主に中脳の上丘や副視索系に投射している．上丘へは J–RGC（OFF DSGC）や ON–OFF DSGC に加え，local object motion に応答する RGC が投射しており，頭部や眼球を視覚空間の特定の場所に誘導するために機能している．また，副視索系には ON–DSGC が投射しており，動物自身が動いたときに生じる網膜上の像のズレを検知し，画像安定性に関与すると考えられている．三半規管が反応する 3 つの向き（上，下，前方向）に応

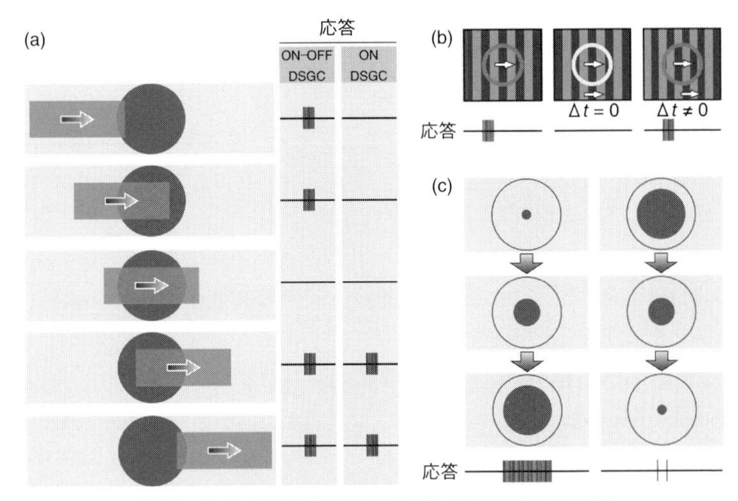

図 6.8　物体の動きに選択的に応答する神経節細胞の例

(a) 方向選択性の神経細胞（ON-OFF DSGC, ON DSGC）の応答. (b) 受容野の中心での小さな物体の動きに応答するタイプの神経節細胞. (c) 受容野の中で物体が大きく広がる動きに応答する神経節細胞（一過性 OFF 型 α RGC). 文献 [45] より改変.

答するタイプがある. 最近では ON-OFF DSGC も副視索系に投射していることがわかってきた.

上記以外のタイプでよく研究が行われているのは, 細胞自身が光感受性タンパク質を含み, 光に直接反応する性質を持つ神経細胞である. 詳しくは 6.2.6 項で解説する.

6.2.6　光感受性の神経節細胞 ipRGC

神経節細胞の中には, それ自身で光受容を行うタイプも存在する. 細胞自身が光感受性タンパク質を含み, 光感受性を示すことを

「内因性の光感受性を示す」といい，この神経節細胞は内因性光感受性神経節細胞（intrinsically photosensitive retinal ganglion cell, ipRGC）と呼ばれる．ipRGC は光受容タンパク質としてメラノプシンを含み，光を受容すると脱分極して活動電位を発生する．光受容細胞という観点から見ると，桿体や錐体が過分極性の光応答を示し，活動電位を発生しないのとは大きく異なる（図 6.9，コラム 7 参照）．最初に同定されたタイプである M1–ipRGC の多くは，脳内の視床下部の神経核（視交叉上核，SCN）に投射する．視交叉上核には概日時計が存在し，睡眠覚醒のリズムなど，概日リズムを生み出している．この M1–ipRGC は視交叉上核へ光情報を送ることにより，概日時計を光制御する（コラム 8 参照）．

ipRGC にはさまざまなタイプが存在することが，形態学的・機能的に同定されている（図 6.10）．これらは脳内のさまざまな領域に投射しており，概日時計以外にも多様な生理機能を光制御する．例えば，M1–ipRGC の一部は細胞マーカーとして *Brn3b* を発現するが，このタイプの ipRGC は視蓋前域オリーブ核（OPN）へ投射し，明暗に応じて瞳孔の大きさを調節する機能，すなわち瞳孔反射を制御する．また，M4–ipRGC は，古くは ON 型 αRGC として同定されていたタイプの神経節細胞であるが，外側膝状体の背側部（dLGN）に投射し，コントラスト認識などの視覚機能に関与すると考えられている．

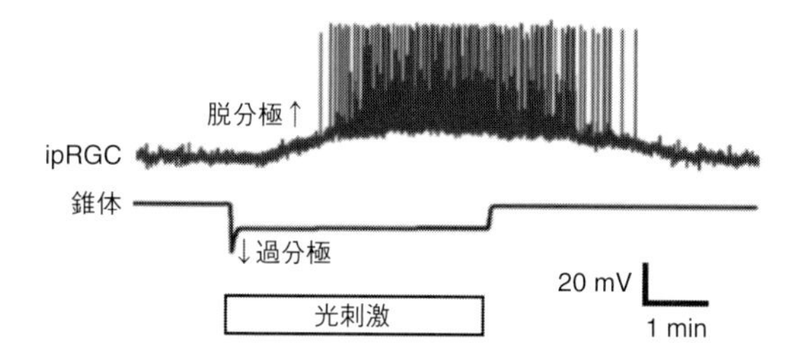

図 6.9　光刺激に対する ipRGC と錐体の電位応答の比較
ipRGC は立ち上がりの遅い脱分極性の電位応答を示し，活動電位を発生する．これに対して錐体は素早い過分極性の電位応答を示し，活動電位を発生しない．文献［46］より改変．

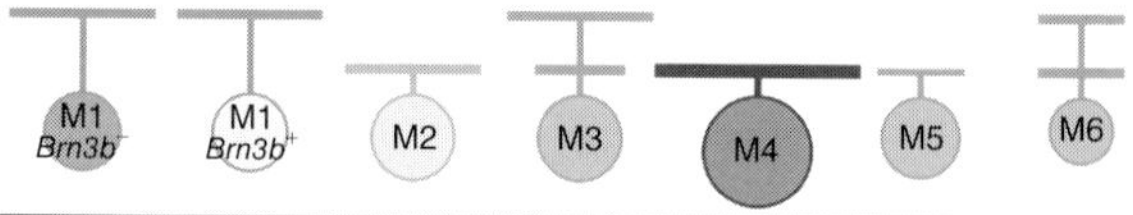

ipRGC サブタイプ	M1 *Brn3b*⁻	M1 *Brn3b*⁺	M2	M3	M4	M5	M6
細胞マーカー	−	*Brn3b*	*Brn3b*	*Brn3b*	*Brn3b* *SMI−32*	*Brn3b*	*Brn3b*
内因性光応答の大きさ	大	大	中	中	小	小	小
主な投射脳領域	SCN	OPN LHb	OPN SCN dLGN	?	dLGN	dLGN	dLGN
生理機能	概日リズム	瞳孔反射 情動	?	?	視覚	?	?

図 6.10　ipRGC のタイプと特徴
ipRGC は形態や応答特性などにより 7 つのタイプに分類される．各タイプの細胞体の大きさや樹状突起の形態を模式的に示した．文献［47］より改変．

コラム7

ipRGC 内の光シグナル伝達経路

ipRGC は，オプシンの一種であるメラノプシンを発現する．メラノプシンは，脊椎動物の桿体や錐体に発現する視物質よりも，ショウジョウバエ（節足動物）やイカ・タコ（軟体動物）の視物質に近縁である．このことから，ipRGC においてメラノプシンが光駆動する光シグナル経路も，ショウジョウバエ視細胞の経路（3.3 節参照）に類似することが予想された．実際，Gq や PLCβ に対する阻害剤を用いた実験や，シグナル伝達分子のノックアウト実験などが行われた結果，ipRGC においてメラノプシンが光活性化すると，Gq 型 G タンパク質（G_q, G_{11}, G_{14}）および PLCβ4 を介して TRPC チャネル（TRPC6, TRPC7）を開口することにより，ipRGC が脱分極応答することが明らかとなった（表）．

表　光受容細胞の光シグナル伝達系の比較

	脊椎動物 桿体・錐体	哺乳類 ipRGC	ショウジョウバエ 感桿型視細胞
光受容タンパク質	脊椎動物型 視物質	メラノプシン	無脊椎動物型 視物質
	⬇	⬇	⬇
G タンパク質	Gt	$G_{q/11/14}$	Gq
	⬇	⬇	⬇
エフェクタ	PDE	PLCβ4	PLC
	⬇	⬇	⬇
二次メッセンジャー	cGMP ↓	PIP_2 ↓	PIP_2 ↓
	⬇	⬇	⬇
チャネル開閉	CNG チャネル 閉鎖	TRPC6/7 開口	TRP/TRPL 開口
	⬇	⬇	⬇
応答様式	過分極	脱分極	脱分極

コラム8

概日時計の光位相制御とipRGCの発見

動物は視覚以外にも光情報を利用する．例えば，概日時計の光位相同調がその一つである．ヒトは昼間に活動して夜間に睡眠をとるが，外界の明暗サイクルの情報がまったく届かない環境（例えば洞窟など）で過ごしても昼夜の活動リズムが長期間にわたり継続する．これは脳内の視交叉上核にある，約24時間周期の体内時計（概日時計）の働きによる．ただし，概日時計の周期は地球の自転周期である24時間より少しだけ長い（もしくは短い）ため，それだけでは起床や就寝のタイミングが少しずつずれてしまう．概日時計は光によって時計の針（つまり位相）を修正する機能を持っているので，太陽光による明暗サイクルが届く環境においては，正確に24時間の活動リズムを維持することができる．この機能を概日時計の光位相同調と呼ぶ．

概日時計の光位相同調には，哺乳類の場合，眼球での光受容が必須である．20世紀末までは，哺乳類の網膜に存在する光受容細胞は桿体や錐体のみであると考えられていた．ところが，これら視細胞を欠失したマウスの研究から，概日時計の光位相同調には視細胞は必要でないこと，すなわち，眼球（網膜）には視細胞以外にも光受容細胞が存在することが示唆された．そして2002年，Bersonらによって，ラット網膜の神経節細胞群の中に，それ自身に光感受性がある細胞が発見された．Bersonらは，神経末端から細胞体へ遡上する（逆向輸送される）性質を持つ蛍光色素を視交叉上核へ注入し，網膜の神経節細胞の中でも視交叉上核へ直接投射する細胞のみを蛍光ラベルした．この細胞の電気活動を網膜試料中で測定したところ，光照射開始にやや遅れて活動電位（スパイク）が発生した．また神経シナプスの情報伝達を阻害するブロッカーを投与して視細胞からの光情報を遮断した状態で測定しても，この神経節細胞の光応答が観察された．このことから，この神経節細胞自身が光受容すると結論され，この光感受性の網膜神経節細胞はintrinsically photosensitive retinal ganglion cell（ip-

RGC）と命名された．

その後の研究の結果，ipRGC には桿体や錐体からの光シグナルも入力し，ipRGC でメラノプシンが受容した光シグナルとともに，視交叉上核へと送られることがわかった．概日時計の光同調において，ipRGC のメラノプシンによる光受容は，非常に明るい光環境下での光受容に貢献することがわかっている．一方，薄暗い光環境下での光同調には桿体が大きな役割を果たし，中程度の光強度では桿体と錐体の両者が機能する．このように，桿体・錐体・ipRGC のそれぞれの光受容は，光強度により役割分担されている．

第7章

網膜から脳へ：視覚の情報処理

網膜の神経ネットワークで抽出された視覚情報は神経節細胞の軸索（視神経）により，脳のさまざまな領域へと運ばれる．第1章で触れたように，脊椎動物は進化の過程で2つの視覚経路，すなわち視蓋経路（tectofugal pathway）と視床経路（thalamofugal pathway）を発達させた．多くの鳥類では視蓋経路が主な視覚経路であるが，両眼視に優れたワシ・タカ・フクロウなどの猛禽類では視床経路が発達している．一方，哺乳類は進化の過程で夜行性になるとともに色覚を退化させ，暗所視・両眼視に有利となる視床経路に依存するようになった．そして霊長類では再び昼行性に移行したこともあり，空間分解能を上げることに特化した中心窩が網膜で形成され，視床経路をさらに発達させた．ここでは，ヒトあるいは霊長類の視覚経路をとりあげ，網膜の中心窩の特徴，網膜から外側膝状体を経由して一次視覚野へ至る視床経路，そして一次視覚野以降の大脳における視覚情報処理について説明する．

7.1　網膜の中心窩の特徴と情報伝達

我々が本を読むときは，書いてある文章（文字）を視線で追いながら読んでいく．また，コンピュータのスクリーンに表示される画像も視線でスキャンすることによって全体像を把握する．なぜこのような視線移動を当然のように行うかといえば，眼の中心窩（図2.3および図2.4）だけが文字などの識別に必要な空間分解能を持つからである．中心窩の大きさは網膜上で約1.3 mmの円であり，眼から25 cm離して本を読む場合，本の約1.7 cmの円の中の文字がこの円の中に像を結ぶ．そのため，我々は頻繁に視線移動しながら文字を読んでいる．

ヒトの中心窩には錐体視細胞が高密度で存在する．その中でも特に中心小窩では，非常に細くて長い赤と緑の錐体が正六角形のモザイク状に配列されており，その密度は1 mm^2 あたり約20万個である（図7.1）．この領域の錐体の内節の長さは最大で30 μm前後，外節の長さは最大で60 μm前後であるのに対し，内節の直径は1.6～2.2 μmしかない．ちなみに，網膜の周辺領域での錐体は内節の直径が5.4 μm程度であり，桿体に囲まれている．中心窩の錐体が

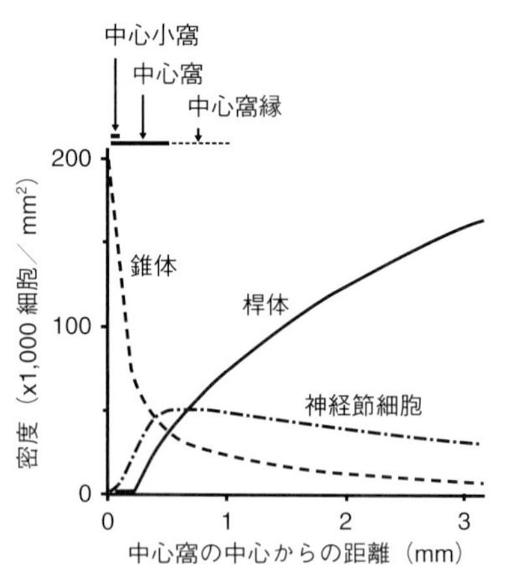

図7.1　中心窩における神経細胞の密度
文献［48］より改変．

非常に細長くなっているのは，中心窩の形成の際に，視細胞層で求心性の渦ができて視細胞が凝集され，その他の神経細胞層では遠心性の渦ができることにより，中心から視細胞以外の神経細胞が排除されるからだともいわれている．しかし，そのメカニズムの詳細は明らかではない．

ヒトの中心小窩の空間分解能は視力で表すと約 1.0 である．視力は視角の逆数であり，視力 1.0 は視角 1 分に相当する（1.0＝1/1 分）．視角の 1 分は網膜上では 5 μm の円になる．視力の測定に上下左右のどこかに隙間を作ったランドルド環が利用されるが，ランドルド環の隙間の幅がこの視角に対応する．隙間があることを識別するには隙間からの光を受け取る錐体視細胞とその周りから光を受け取る錐体視細胞が必要である．中心小窩での錐体視細胞の間隔は約 2.5 μm なので，5 μm の円の中には 1 個の錐体視細胞が存在する．ただし，中心小窩での錐体密度のピークは個人差が大きく（1 mm^2 あたり 10 万～ 30 万個とされている），視力が 1.0 からバラつく一因となる．一方，中心小窩の中心から 1 mm 以上離れたところでは，ほとんどの人の眼は同じような錐体密度を持っている．

ヒトの網膜にある錐体の 90% 以上は赤と緑の錐体である．中心小窩の中心にはこれら 2 種類の錐体しか存在しない領域があり，その周辺では 6 個以上の赤と緑の錐体が 1 個の青の錐体を取り囲むように分布している．青錐体の密度は中心小窩で 5% 程度，中心窩の端で 15%，網膜の周辺部では 7% である．一方，桿体は中心窩の中心の直径 350 ～ 800 μm の領域には存在せず，その周りで桿体の密度が徐々に増え，錐体の密度を超える（図 7.1）．そして，中心窩から 4 ～ 6 mm の範囲で桿体の密度がピークに達する（1 mm^2 あたり 13 万～ 19 万個．図 2.5 も参照）．

ヒトの網膜には神経節細胞が約 100 万個存在するが，そのうちの25%が中心窩に集中して存在し，情報処理の解像度を上げている．ヒトの中心窩には主として3種類の神経節細胞が存在し，そのうちの大多数を占めるのが，高解像度と色識別を担うミゼット神経節細胞である（コラム9参照）．ミゼット神経節細胞は非常に小さな受容野を持ち，中心窩においては単一の双極細胞を介して単一の錐体から情報入力を受ける．また2番目に多いタイプはパラソル神経節細胞で，中心窩では30～50個の錐体が収束しており，コントラスト感度や動き検出を担う．

ヒトの中心窩における錐体：神経節細胞の個数比は，1：2.6～1：3.6と推定されており，中心窩では錐体1個あたり3個前後の神経節細胞が結合していることになる．これらのデータから，錐体1個あたりミゼット神経節細胞2個とパラソル神経節細胞1個に情報が伝えられているのではないかと予想されている．一方，中心窩から離れると複数の錐体がミゼット神経節細胞に収束するようにな

コラム9

ヒトの中心窩の神経節細胞

ヒトの中心窩には主として3種類の神経節細胞が存在し，80%を占めるのがミゼット神経節細胞，次に多いのがパラソル神経節細胞（全体の10%），そして3番目が顆粒神経節細胞である．

ミゼット神経節細胞はその樹状突起の広がりがわずか直径10 μmと小さく，双極細胞1個を通じて錐体1個のみと結合する（図(a)）．ミゼット神経節細胞は中心–周辺拮抗的かつ色拮抗的な小さな受容野を示し，赤–ON/緑–OFF，緑–ON/赤–OFF，青–ON/黄–OFF，黄–ON/青–OFFの4つのタイプが同定されている．この細胞タイプは，高解像度と色の識別のための経路を形成すると考えられる．中心–周辺拮抗反応のうち，中心応答は双極細胞が結合する錐体に由来し，周辺応答

は水平細胞やアマクリン細胞を介した側抑制によって形成される．ミゼット神経節細胞は，外側膝状体の背側核の小細胞（parvocellular）層に投射することから，parvocellular 神経節細胞とも呼ばれる．

パラソル神経節細胞は大きく広がった樹状突起を持ち，中心窩では 30 ～ 50 個の錐体が（双極細胞を介して）収束している（図(b)）．そのためパラソル神経節細胞は，高いコントラスト感度や動き検出力を持つが，逆に空間分解能や色感度は低い．つまりこの経路は，コントラスト感度，動きの検出，および輝度の知覚を担う．パラソル神経節細胞は ON と OFF のタイプがあり，周辺応答は水平細胞による側抑制に由来する．この細胞は外側膝状体の腹側部の大細胞（magnocellular）層に投射することから，magnocellular 神経節細胞とも呼ばれる．

顆粒神経節細胞は内網状層において 2 層の樹状突起を持つ．外側膝状体の koniocellular 層に投射することから，koniocellular 神経節細胞とも呼ばれる．さまざまな形態を持つ種類が存在するが，その一つは小さな樹状突起を持ち，青-ON/黄-OFF の色拮抗応答を示す．

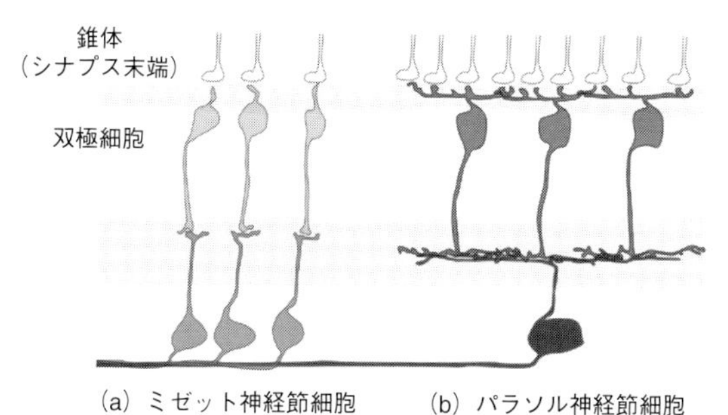

図　ミゼット神経節細胞とパラソル神経節細胞への光情報の入力経路
文献 [49] より改変．

り，錐体の比率が上昇する．つまり，中心窩の中心での視力は錐体の密度に依存するが，周辺になるとミゼット神経節細胞の密度に依存するようになる．マカクザルの研究では，中心窩での錐体と双極細胞の比率は中心窩の中心から 5 mm の範囲では一定である．したがって，複数の錐体が双極細胞に収束するのではなく，複数の双極細胞が神経節細胞に収束すると考えられる．

7.2　網膜から一次視覚野までの視覚経路

眼から一次視覚野までの視覚経路を図 7.2 に模式的に示す．視野の左側の情報は網膜上では右側（図 7.2 では白い部分）に投影され，

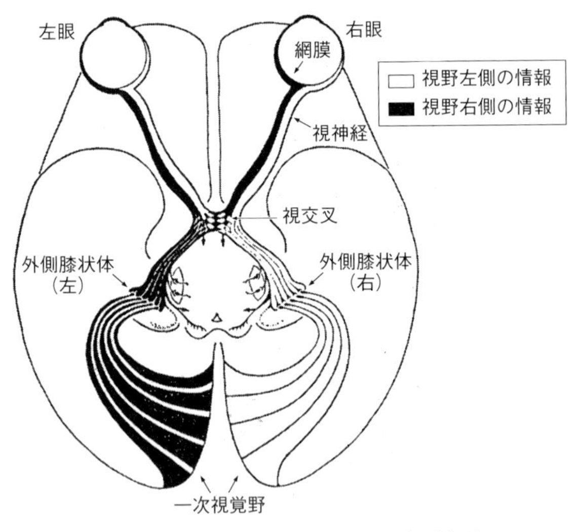

図 7.2　網膜から一次視覚野までの視覚経路
文献［39］より改変．

受容された光情報は視交叉を経由して右側の外側膝状体に投射される．逆に，視野の右側の情報は網膜上では左側（図 7.2 では黒い部分）で受容され，その光情報は左側の外側膝状体に投射される．左外側膝状体の情報は左側の一次視覚野へ，右外側膝状体の情報は右側の一次視覚野へとそれぞれ送られる．

網膜上はそれぞれのタイプの神経節細胞の受容野によりタイル状に覆われているので，それぞれが特定の視覚情報を持つ「視野」を構成するといえる．外側膝状体に投射する網膜神経節細胞には 3 つのタイプがあり，それぞれ，高分解能で色情報を含んだ視野（ミゼット神経節細胞），コントラストと物体の動きを含んだ視野（パラソル神経節細胞），青–黄色の補色情報を含んだ視野（顆粒神経節細胞）を構成する．これらの神経節細胞はそれぞれ，外側膝状体の特定の細胞層（小細胞層，大細胞層，顆粒細胞層）に投射する（図 7.3）．つまり，網膜上で混在していた 3 つの視野が，外側膝状体ではそれぞれの細胞層に振り分けられる．以上のことから，外側膝状

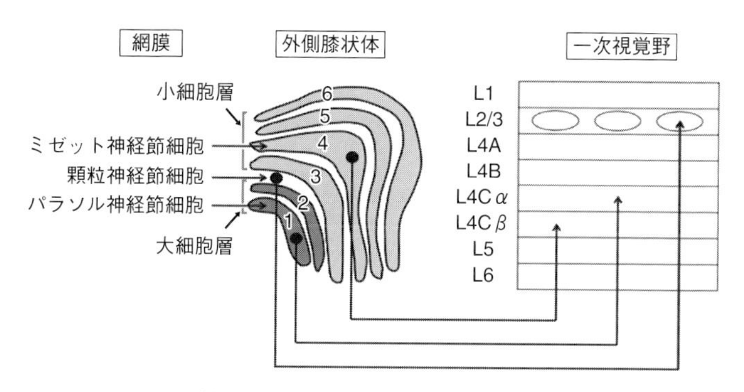

図 7.3　外側膝状体から一次視覚野への並列階層的な経路
文献 [50] より改変.

体の役割は，特定の視覚情報を持つ視野の振り分けである．なお，大細胞層と小細胞層はさらに層構造に分かれており（図7.3，それぞれ，1〜2層，3〜6層），左眼と右眼の神経節細胞はそれぞれ別の層に投射する．

異なる細胞層で分離された外側膝状体の視野情報は，一次視覚野のそれぞれ異なった領域の神経細胞に受け渡される（図7.3）．一次視覚野は大きく8層に分かれており，それぞれ，L1，L2/3，L4A，L4B，L4Cα，L4Cβ，L5，およびL6という．外側膝状体の大細胞層からはL4Cα，小細胞層からはL4Cβへ投射する．また，顆粒細胞層からはL2/3内で規則的な斑点模様（ブロブ）を持つ領域とL1とに投射する．一次視覚野で近接した神経細胞はその受容野も近接しており，眼に入ってくる視野をある程度再現している．しかし，外側膝状体から受け取った情報をさまざまに統合・処理する過程で，視野の表現はある特徴を持って歪んでいく．

一次視覚野の特徴の一つが，方位選択性を持つ神経細胞群の特殊な配置である．方位選択性を持つ神経細胞は，第6章の受容野の項（コラム6参照）で説明したように，円形の中心–周辺拮抗受容野を持つ網膜の神経節細胞の受容野が統合されて，ある傾きを持った線分の光刺激に反応するようになった神経細胞である．上述のように，霊長類の一次視覚野は8層に分かれているが，上記の神経細胞はL4Cβ層を除いた層に存在し，その方向選択性の違いによって規則正しく配列していることがわかっている．

図7.4はその配置を示した図である．霊長類の一次視覚野は8層構造に加え，大脳皮質表面に対して垂直方向に柱状の構造（コラム）を持ち，1つのコラムにはある方向の選択性（この場合は水平方向の選択性）を示す神経細胞が集まっている．これを方位コラムといい，方位選択性の傾きが少しずつ異なる方位コラムが隣接して

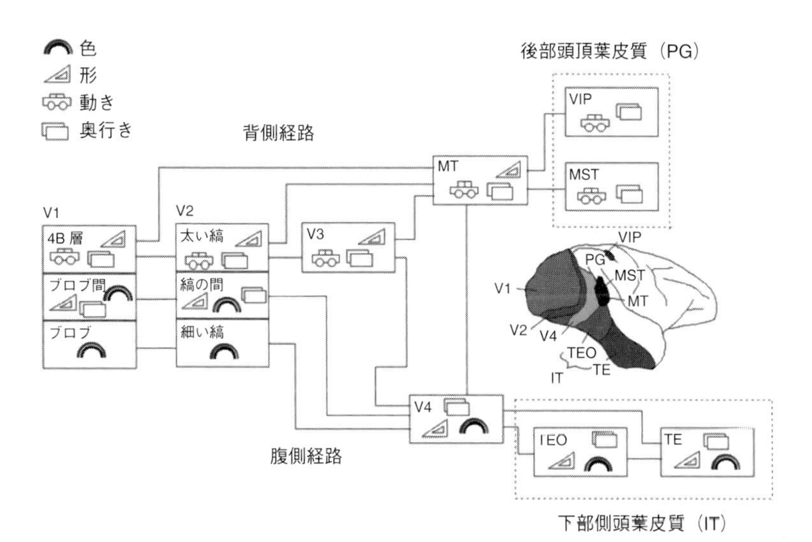

図 7.5 サル大脳皮質視覚領域の位置・結合関係と刺激選択性
右中はサル大脳皮質表面の模式図で（右側が前方に相当する），いくつかの視覚野を示した．また，各領野の神経細胞がどのような視覚特徴に選択性を示すかを，各領野に対応した箱の中に記号で示した．文献 [52] より．

視覚野を起点として，後部頭頂葉皮質に向かう「背側経路」と下部側頭葉皮質に向かう「腹側経路」に大きく分かれることがわかった（図 7.5）．

背側経路では，一次視覚野（V1）の L4Cα 層に入力された情報が V1 内の L4B 層を経由したあと，V2 の太い縞の層へ投射される．さらに MT を介して MST や VIP に到達したのち，運動前野などへ送られる．この経路で伝達される情報は網膜のパラソル神経節細胞に由来し，主に物体の動きや奥行きの知覚，また，物体の操作の処理に関与する．MT では動きの方向選択性，両眼視差選択性が現れ，

MST ではオプティカルフローや追跡眼球運動，VIP では奥行きの運動などの選択性が現れる．一次視覚野では視野の局所の方位や動きに反応するだけであるが，頭頂葉にある終点に向かうにつれて空間認識へとその機能が移っていく．

腹側経路は一次視覚野 V1 の L4Cβ 層への入力が，V1 内の L2/3 層のブロブ領域・ブロブ間領域に伝達され，それぞれ，V2 の細い縞と縞の間の領域に投射する．そして，V4 を介し，下側頭皮質後部（TEO）を経て下側頭皮質前部（TE）へと至る．これらの情報は網膜の主にミゼット神経節細胞と顆粒神経節細胞に由来し，主に物体の形や色の情報を処理して物体認識に関わる．V4 では色・輪郭選択性，TEO では複雑な色・形の組み合わせ，TE では 2 次元・3 次元の物体の認識として特徴づけられる．背側経路の場合と同様に，腹側経路でも側頭葉に向かうにつれて物体の認識へとその機能が移っていく．空間認識に向かう背側経路を Where 経路，物体認識に向かう腹側経路を What 経路と呼ぶこともある．

視覚情報は低次の領域から高次の領域へ伝わるだけでなく，高次領野からのフィードバックが低次領野に送られ，さらに，低次領野で処理された結果がまた高次にフィードフォワードで戻る，というループが存在する．例えば，一次視覚野の神経細胞の受容野内に低コントラストの線分刺激を提示したときの反応は，この線分の延長線上に別の線分刺激を同時に提示すると，反応が増強する．これは，より受容野の大きい V2 の神経細胞からのフィードバックシグナルが影響している可能性がある．また，受容野が灰色の図形の中にのみある一次視覚野の神経細胞でも，背景が白か黒かによってその応答が変化する．この場合も V2 の神経細胞からのフィードバックがある可能性がある．さらに，V2 の神経細胞において，図形が書かれた絵画の中の図形と背景を含む小さな円が受容野の場合，図

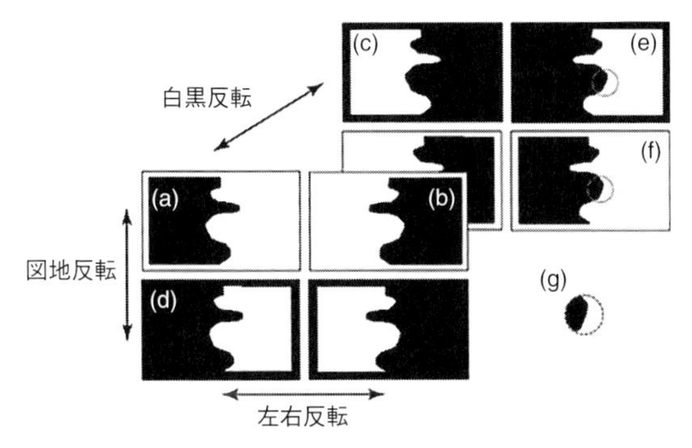

図 7.6 下部側頭葉皮質（IT）の神経細胞が図–地を区別することを示した実験
この実験で用いられた刺激の模式図を示した．（a）と（b）は左右を反転，（a）と（c）は白黒を反転，（a）と（d）は図–地を反転した図形のペア．このうち，図–地を反転した図形のペアはまったく違う図形に見える．（e）と（f）の丸で印をつけた部分は V2 神経細胞の受容野の模式図．この受容野内の刺激だけを（g）に抜き出した．文献［52］より．

形と背景を逆転させると，受容野内に変化がなくても応答変化が見られる（図 7.6）．このように，階層に分かれた領野の間を信号がダイナミックに行き来しながら，生体にとって意味のある情報を取り出していると考えられる．

より高次の脳領域では，視覚野における情報処理に前頭前野からのシグナルが影響することも知られている．前頭前野の後端に位置する前頭眼野は，眼球運動の制御や視覚探索に関係する領域であるが，この部位を微小電極で刺激すると，V4 野のニューロンの活動が増強することがわかった．これは，視覚探索において，視野のある場所に空間的な注意を向けるときに，眼球運動中枢からの信号がその視野の場所の神経細胞のゲインを調節している可能性を示している．このように，行動と知覚との間の相関を調べることは，我々の意識がどのように形成されるかにも関わる興味深い研究であり，今後の進展が期待される．

あとがき

本書は，著者らが大学で「分子情報学」という題目で講義をしたノートから，視覚に関する部分を抜き出し，著者らの研究のうち一般の読者も興味を持つと思われる部分を加えて完成させた．著者らの専門は分子レベルでの視覚研究であり，物理・化学の考え方を基礎に視覚の研究を進めてきた．研究当初は，視覚情報処理の最初期である視物質（ロドプシン）の光反応を研究し，動物の視覚における一般性がどのようなものかを研究しようとした．しかし，研究を進めるにつれて，視覚は生物の特徴の一つである機能多様性の宝庫であり，生物進化に伴って視物質だけでも膨大な多様性を有していることが明らかになってきた．そこで，生物の進化・多様化を研究のもう一つの軸にして，さまざまな現象を物理・化学の考え方で解析し，進化の道筋をもとにそれらの多様性を理解することを試みてきた．本書を読んで，分子・細胞レベルの細かい記述の中に生物進化の考え方が含まれていることを感じ取っていただければ幸いである．

本書では視覚の分子・細胞メカニズムの基礎的な知見を網羅することを試みた．しかし，視覚研究は基礎的な研究のみならず医学応用を目指した広範な研究も展開されている．実際，最近では基礎的な知見をもとに網膜再生などの臨床応用が開始されている．また，ロドプシンは非侵襲的な光という刺激を利用して細胞内の情報伝達系を制御でき，神経の興奮・抑制を制御するツールとしても使用できる．視覚は光が持つ情報媒体としての卓越性を生物が積極的に利用する中で生まれてきた高度な感覚であるが，最近は研究者らによって，ロドプシンなどの光受容タンパク質を利用して，細胞の応答を光で操作して解析する方法が生み出されている．視覚研究の新たな展開として興味のある流れである．

本書の執筆にあたり，多くの方から資料の提供やご助言をいただいた．特に原稿を査読していただいた京都大学の林重彦先生，立命館大学（東京大学名誉教授）の立花政夫先生，玉川大学（生理学研究所名誉教授）の小松英彦先生にはここに深く感謝の意を捧げる．また，執筆の機会をくださった佐々木政子先生，井上晴夫先生，最後まで根気よくお世話くださった共立出版の中川暢子さん，影山綾乃さんに感謝する．

参考文献・引用文献

●参考文献

[1] Wald, G., Nobel Lecture, December 12, 1967.

[2] 日本光生物学協会，『光と生命の辞典』，朝倉書店（2016）.

[3] 伊藤道也，『光と物質』，放送大学教育振興会（2000）.

[4] Shichida, Y. & Matsuyama, T., *Phil. Trans. R. Soc. B*, **364**, 2881–2895 (2009).

[5] Lamb, T. D., *Prog. Retin. Eye Res.*, **36**, 52–119 (2013).

[6] Ernst, O. P. *et al.*, *Chem. Rev.*, **114**, 126–163 (2014).

[7] Hofmann, K. P. & Lamb, T. D., *Prog. Retin. Eye Res.*, **93**, 101116 (2023).

[8] 杉田昭栄，日本畜産学会報，**68**，91–104（1997）.

[9] 大内淑代，脳科学辞典，視覚系の発生（2019）；https://bsd.neuroinf.jp/wiki/ 視覚系の発生（2023/6 閲覧）.

[10] Bassett, E. A. *et al.*, *Trends Neurosci.*, **35**, 565–573 (2012).

[11] Jones, M. P. *et al.*, *J. Exot. Pet Med.*, **16**, 69–87 (2007).

[12] Priebe, N. J., *Annu. Rev. Vis. Sci.*, **2**, 85–107 (2016).

[13] Masland, R. H., *Nat. Neurosci.*, **4**, 877–886 (2001).

[14] Field, G. D. & Chichilnisky, E. J., *Annu. Rev. Neurosci.*, **30**, 1–30 (2007).

[15] Shimizu, T. & Bowers, A. N., *Behav. Brain Res.*, **98**, 183–191 (1999).

[16] Yau, K.-W. & Hardie, R. C., *Cell*, **139**, 246–264 (2009).

●引用文献

[17] Häggström, M., Medical gallery of Mikael Häggström 2014, *WikiJournal of Medicine*, **1** (2014).

[18] Millodot, M., "*Dictionary of Optometry and Visual Science, 7 th edition*", Butterworth–Heinemann (2009).

[19] 池田光男,『眼はなにを見ているか』, 平凡社 (1988).

[20] Tucker, V. A., *J. Exp. Biol.*, **203**, 3745–3754 (2000). DOI: 10. 1242 / jeb. 203. 24. 3745.

[21] Walls, G. L., "*The vertebrate eye and its adaptive radiation*", Cranbrook Press (1942).

[22] Sadler, T. W. (安田峯生訳), ラングマン人体発生学 第 10 版 (原書第 11 版), pp 347–356, メディカルサイエンスインターナショナル (2010).

[23] 東京医科歯科大学, 個体の発生と分化Ⅱ－発生と分化のしくみ (2001); https://www.tmd.ac.jp/artsci/biol/textlife/develop2.htm (2023 年 6 月閲覧).

[24] Stebbins, R. C. & Eakin, R. M., *Am. Mus. Novit.*, **1870** (1958).

[25] Eakin, R. M., "*The Third Eye*", University of California Press (1973).

[26] Schnapf, J. L. & Baylor, D. A., *Sci. Am.*, **256**, 40–47 (1987).

[27] Baylor, D. A. *et al.*, *J. Physiol.*, **288**, 589–611 (1979).

[28] Stockman, A. & Sharpe, L. T., *Ophthalmic Physiol. Opt.*, **26**, 225–239 (2006).

[29] 橋木修志・河村 悟, 比較生理生化学, **34**, 70–79 (2017).

[30] Knust, E., *Curr. Opin. Neurobiol.*, **17**, 541–547 (2007).

[31] Hardie, R. C. & Franze, K., *Science*, **338**, 260–263 (2012).

[32] Hardie, R. C., *Wiley Interdiscip. Rev. Membr. Transp. Signal*, **1**, 162–187 (2012).

[33] Palczewski, K. *et al.*, *Science*, **289**, 739–745 (2000).

［34］ Nakamichi, H. & Okada, T., *Angew. Chem. Int. Ed.*, **45**, 4270–4273 (2006).
［35］ Nakamichi, H. & Okada, T., *Proc. Natl. Acad. Sci. USA.*, **103**, 12729–12734 (2006).
［36］ Choe, H.-W. *et al.*, *Nature*, **471**, 651–655 (2011).
［37］ Schoenlein, R. W. *et al.*, *Science*, **254**, 412–415 (1991).
［38］ Mathies, R., *Nat. Chem.*, **7**, 945–947 (2015)；https://chemistrycommunity.nature.com/amp/posts/31527-on-the-critical-role-of-vibrational-phase-in-the-photochemistry-of-vision (2023/6 閲覧).
［39］ 入来正躬・外山敬介（編），『生理学』，文光堂（1986）.
［40］ Hubel, D. H. & Wiesel, T. N., *J. Physiol.*, **160**, 106–154 (1962).
［41］ Hubel, D. H. & Wiesel, T. N., *J. Physiol.*, **148**, 574–591 (1959).
［42］ 河村 悟，『視覚の光生物学』，朝倉書店（2010）.
［43］ Euler, T. *et al.*, *Nat. Rev. Neurosci.*, **15**, 507–519 (2014).
［44］ Masland, R. H., *Neuron*, **76**, 266–280 (2012).
［45］ Sanes, J. R. & Masland, R. H., *Annu. Rev. Neurosci.*, **38**, 221–246 (2015).
［46］ Berson, D., *Trends Neurosci.*, **26**, 314–320 (2003).
［47］ 小島大輔・深田吉孝，*BRAIN and NERVE*, **73**, 1193–1199 (2021).
［48］ Bringmann, A. *et al.*, *Prog. Retin. Eye Res.*, **66**, 49–84 (2018).
［49］ Baden, T. & Euler, T., *Curr. Biol.*, **23**, R 1096–R 1098 (2013).
［50］ 恩田将成・小坂田文隆，日本薬理学雑誌，**149**，274–280（2017）.
［51］ Livingstone, M. S. & Hubel, D. H., *J. Neurosci.*, **4**, 309–356 (1984).
［52］ 小松英彦，情報処理，**50**，22–28（2009）.

索　引

【数字・欧文】

11-*cis*-retinal ………… 22, 55, 67, 69, 72
3 原色説 ………… 77, 85
4 原色説 ………… 77, 85

AII アマクリン細胞 ………… 105
A17 アマクリン細胞 ………… 105
all-*trans*-retinal ………… 61, 67, 68, 72
Arr ………… 36
Arr2 ………… 52

bistable photoreceptor ………… 74
BSI ………… 60

Ca^{2+}イオン濃度 ………… 38, 44, 52
Ca^{2+}結合タンパク質 ………… 38
Ca^{2+}フィードバック ………… 38
cGMP ………… 25, 34, 40, 44, 47
cGMP 依存性のカチオンチャネル ………… 34, 47

DAG ………… 49, 50
DSGC ………… 107

GC ………… 36, 41, 44
GCAP ………… 38, 44
GDP-GTP 交換反応 ………… 33, 69
Gi ………… 4, 7, 67
Go ロドプシン ………… 70
GPCR ………… 2
Gq ………… 4, 6, 26, 45, 53, 67, 113
Gt ………… 4, 32, 67, 113
GTP ………… 33, 48
G タンパク質 ………… 3, 4, 25, 40, 45, 58, 67, 69, 75, 113
G タンパク質共役型受容体 ………… 2, 3, 102

INAD ………… 53
IP_3 ………… 49, 50
IP_3 受容体 ………… 49
ipRGC ………… 49, 110, 113, 114

J-RGC ………… 109

local object motion ………… 109

mGluR6 ………… 102
MST ………… 127
MT ………… 127

Na^+/Ca^{2+}-K^+交換体 ………… 38, 42, 44
NINAC ………… 52
ninaE ………… 46

OFF-DSGC ………… 109
OFF 型 ………… 101
ON 方向選択性神経節細胞（ON DSGC） ………… 108
ON 型 ………… 101
ON-OFF 方向選択性神経節細胞（ON-OFF DSGC） ………… 108
OPN ………… 111

PDE ………… 34, 40
PDZ ………… 53
PIP_2 ………… 48, 50, 52
PLCβ ………… 48, 50, 52, 113

RGS9 ………… 36

Rh ………… 32, 48
Rh* ………… 35, 48, 53
RK ………… 36

SAC ………… 107
SCN ………… 111
S-モジュリン ………… 38, 44

Tα ………… 33
Tβγ ………… 34
TRP ………… 48, 50, 51
TRPL ………… 48, 50, 51
TRPM1 ………… 102

V2 ………… 126
V4 ………… 128
VIP ………… 127
What 経路 ………… 128
Where 経路 ………… 128

α-ヘリックス ………… 3, 55
β-イオノン環 ………… 60

【ア行】

アゴニスト ………… 68, 69, 72
アシッドメタロドプシン ………… 62
足場タンパク質 ………… 53
アマクリン細胞 ………… 5, 13, 23, 89, 92, 98, 105, 121
アレスチン ………… 36, 43
暗順応 ………… 30
暗所視 ………… 7, 21, 99
暗ノイズ ………… 75

異性化反応 ………… 59
一次視覚野 ………… 96, 117, 122, 126
一過性 OFF 型 αRGC ………… 109
遺伝子改変動物 ………… 42, 43
遺伝子重複 ………… 83
イノシトールトリスリン酸 ………… 49
イノシトールリン脂質 ………… 48, 50
色収差 ………… 16
インバースアゴニスト ………… 69

液体窒素温度 ………… 63
エネルギー図 ………… 64
円錐交差領域 ………… 66
円盤膜 ………… 27

黄斑 ………… 15, 19
オプシン ………… 2, 3, 4, 8, 55, 61, 67, 70, 73, 113

【カ行】

外顆粒層 ………… 14
介在ニューロン ………… 7, 101
概日時計 ………… 111, 114
概日リズム ………… 4, 67, 111
外節 ………… 13, 22, 26, 38, 67, 91, 118
外側膝状体 ………… 9, 96, 111, 117, 121, 123
外胚葉 ………… 19
外網状層 ………… 14
角膜 ………… 11, 19
可視光 ………… 56, 74
下側頭皮質後部（TEO）………… 128
下側頭皮質前部（TE）………… 128
活動電位 ………… 108, 114
過渡型 ………… 101
過分極 ………… 25, 28, 34, 47, 63, 90, 100
顆粒細胞層 ………… 123
顆粒神経節細胞 ………… 121, 123, 128
カルモジュリン ………… 38
カロチノイド色素 ………… 15
感桿 ………… 47, 50
眼球優位コラム ………… 125

桿体 …… 1, 13, 21, 27, 40, 43, 47, 56, 82, 99, 113, 114, 118
桿体双極細胞 …… 103
桿体密集領域 …… 17
間脳 …… 19
眼杯 …… 19
眼胞 …… 19
緩和過程 …… 61

基底状態 …… 61, 64
キナーゼ …… 36, 43
ギャップ結合 …… 100
逆極性 …… 90
吸収極大 …… 56, 103
吸収スペクトル …… 77

グアニリルシクラーゼ …… 36, 41
グアノシン三リン酸（GTP） …… 33
グアノシン二リン酸（GDP） …… 33
空間分解能 …… 119
グルタミン酸 …… 28, 74, 101
グルタミン酸受容体チャネル …… 100

蛍光 …… 62, 114

光化学反応過程 …… 62
項間交差 …… 62
光子 …… 34, 61
光周性 …… 67
個眼 …… 47, 50
コヒーレント …… 65
コラム …… 124
コントラスト …… 32, 111, 121, 123, 128

【サ行】

三重項状態 …… 62

ジアシルグリセロール …… 49
視蓋 …… 9
視蓋経路 …… 9, 117
視蓋前域オリーブ核 …… 111
視角 …… 119
色覚 …… 7, 9, 14, 77, 83, 85
色素上皮層 …… 19
軸索 …… 5, 15, 102, 126
シグナル伝達 …… 2, 3, 4, 7, 32, 45, 50, 101, 113
視交叉 …… 9, 123
視交叉上核 …… 111, 114
視細胞 …… 1, 4, 5, 13, 19, 26, 34, 45, 50, 61, 67, 82, 85, 90, 96, 98, 113, 114, 119
視細胞電位 …… 27, 32, 61
脂質二重膜 …… 50, 55
視床経路 …… 9, 117
視神経 …… 15, 117
視神経乳頭 …… 14
シス-トランス異性化 …… 32, 48, 62, 63, 69
持続型 …… 101
シッフ塩基結合 …… 55, 74
シナプス …… 6, 27, 90, 99, 114
視物質 …… 1, 3, 4, 6, 8, 27, 32, 40, 43, 46, 55, 58, 63, 67, 68, 72, 77, 85, 91, 113
受容野 …… 90, 96, 100, 120, 123, 126
松果体 …… 19
小細胞層 …… 123
硝子体 …… 11
ショウジョウバエの視細胞 …… 45, 49
上丘 …… 9, 109
視力 …… 119
神経細胞 … 5, 13, 22, 86, 90, 96, 98, 119, 124, 126
神経節細胞 …… 5, 13, 23, 90, 96, 98, 114, 119, 120, 123

神経節細胞層 …… 14, 20

水晶体 …… 19
水晶体板 …… 19
錐体 …… 1, 13, 18, 27, 41, 43, 47, 56, 78, 86, 98, 114, 118, 120
錐体視物質 …… 1, 7, 8, 27, 40, 44, 75, 77
水平細胞 …… 5, 13, 23, 28, 92, 96, 99, 121
スターバーストアマクリン細胞 …… 107

正立網膜 …… 19
前頭器官 …… 19

双安定性光受容体 …… 74
双極細胞 …… 5, 6, 13, 23, 28, 90, 96, 98, 120
走光性 …… 45
側頭窩 …… 18
側頭眼 …… 7, 19

【タ行】

大細胞層 …… 123
代謝型グルタミン酸受容体タイプ6 …… 102
体色変化 …… 67
タイル化 …… 103
脱分極 …… 25, 28, 47, 90, 100, 113

昼間視 …… 7
中間体 …… 58, 64, 75
中心窩 …… 15, 18, 31, 99, 118, 120
中心小窩 …… 15, 118
中心–周辺拮抗型 …… 101

対イオン …… 74

転写因子（bHLH型） …… 23
転写因子（Fox型） …… 23
転写因子（ホメオドメイン型） …… 23

同極性 …… 90
瞳孔反射 …… 67, 111
頭頂眼 …… 19
頭頂葉 …… 128
倒立網膜 …… 13, 19
トランスデューシン …… 32, 40, 45

【ナ行】

内因性光感受性神経節細胞 …… 111
内顆粒層 …… 14
内節 …… 27, 38, 67, 118
内網状層 …… 14, 103, 108, 121
ナトリウム・カルシウム・カリウム交換体 …… 38

二次メッセンジャー …… 49

熱エネルギー …… 61
熱緩和 …… 61

【ハ行】

背側経路 …… 127
ハイパーコラム …… 125
バソロドプシン …… 59, 63
波長感受性 …… 77
発色団 …… 32, 48, 59, 62, 63, 69, 74
パラソル神経節細胞 …… 109, 120, 123, 127
反対色説 …… 77, 85

光異性化酵素 …… 67
光応答曲線 …… 29
光可逆反応 …… 71
光感受性神経節細胞 …… 6
光感度 …… 14, 30, 39, 44, 53, 106
光シグナルの増幅過程 …… 35
光受容タンパク質 …… 2, 6, 111

光情報伝達過程 …… 32
光定常状態 …… 71
光反応過程 …… 58, 63, 69
非視覚機能 …… 67
微絨毛 …… 47, 49, 50

フォトロドプシン …… 59
複眼 …… 4, 47, 50
副視索系 …… 109
腹側経路 …… 127
フリッカー …… 31
プロトン化 …… 55, 74
分化多能性 …… 23

ヘリング …… 77, 85

方位コラム …… 125
方向選択性 …… 107, 124, 127
方向選択性の神経節細胞 …… 107
ホスホジエステラーゼ …… 34, 40

【マ行】

ミゼット神経節細胞 …… 120, 123, 128
ミトコンドリア …… 28
ミュラー細胞 …… 23

明順応 …… 30, 39, 45
メタロドプシンⅠ …… 60
メタロドプシンⅡ …… 60
メタロドプシンⅢ …… 61
メラノプシン …… 6, 113, 115

盲点 …… 15
網膜 … 5, 8, 11, 13, 18, 19, 40, 56, 61, 82, 85, 90, 96, 98, 114, 118, 122, 127
網膜色素上皮層 …… 22
網膜前駆細胞 …… 5, 22

【ヤ行】

ヤング・ヘルムホルツ …… 77

【ラ行】

ラメラ構造 …… 27

リカバリン …… 38, 44
量子収率 …… 61
リン光 …… 62

ループ構造 …… 55
ルミロドプシン …… 60

励起状態 …… 59, 61, 64
レーザー閃光分解法 …… 58
レチナール …… 1, 32, 55, 59, 63, 75
レチノクロム …… 67
レンズ …… 11, 16, 19, 57

ロドプシン …… 1, 3, 6, 8, 21, 27, 34, 48, 55, 58, 63, 68, 74, 77, 99

〔著者紹介〕

七田芳則（しちだ　よしのり）

1979年　京都大学大学院理学研究科博士課程修了
現　在　京都大学名誉教授，立命館大学総合科学技術研究機構 客員教授，
　　　　理学博士
専　門　生物物理学・分子生理学

小島大輔（こじま　だいすけ）

1995年　京都大学大学院理学研究科博士後期課程（単位取得退学）
現　在　東京大学大学院理学系研究科生物科学専攻 准教授，博士（理学）
専　門　光生物学・分子生理学・神経行動学

化学の要点シリーズ　46　*Essentials in Chemistry 46*

視覚のしくみ

Chemistry of Vision

2023年11月30日　初版1刷発行

著　者　七田芳則・小島大輔

編　集　日本化学会　©2023

発行者　南條光章

発行所　**共立出版株式会社**

［URL］ www.kyoritsu-pub.co.jp
〒112-0006 東京都文京区小日向4-6-19　電話 03-3947-2511（代表）
振替口座　00110-2-57035

印　刷　藤原印刷

製　本　協栄製本

printed in Japan

検印廃止

NDC　491.374, 425.8, 431.5

ISBN 978-4-320-04487-6

一般社団法人
自然科学書協会
会員